Das große Berliner Eisenbahn-Album

Alfred B. Gottwaldt

transpress
spezial

Einbandgestaltung: Dos Luis Santos
Titelbild:
Abbildung auf dem Einband oben: Berlin Hauptbahnhof mit Humboldthafen am 25. Oktober 2006. Foto Bodo Schulz.
Abbildung auf dem Einband unten und Seite 2: Bildpostkarte "Nachtzauber in Berlin. Der Anhalter Bahnhof", um 1930.

Bildquellen auf Seite 407

ISBN 978-3-613-71385-7

Spezialausgabe 2. Auflage 2010

Sie finden uns im Internet unter www.transpress.de

Lektor: Hartmut Lange et al.
Innengestaltung: Fotolito Longo, Bozen; Jürgen Knopf
Repro: Fotolito Longo, Bozen; Medien und Printprodukte, 74321 Bietigheim
Druck und Bindung: Rung-Druck GmbH, 73033 Göppingen
Printed in Germany

Vorrede: Berlin und seine Eisenbahnen

Seit fast 175 Jahren fährt in Berlin die Eisenbahn. Obwohl das bei 750 Jahren Berliner Stadtgeschichte eine kurze Zeitspanne zu sein scheint, ist doch das Wachstum Berlins von der märkischen Residenz zur atemberaubend lebendigen Weltstadt untrennbar mit der Entwicklung seines Verkehrs verbunden gewesen. Dabei hat Berlin vom alten Thorwagen oder Kremser bis zur elektrischen Untergrundbahn und dem Netz der S-Bahn immer wieder eine Fülle eigener Formen und Konstruktionen hervorgebracht, die man anderswo nicht kannte, und die zum besonderen Charakter der Stadt ihren Anteil beitrugen. In den zwanziger Jahren konnte man hier Dutzende verschiedener Ansichtskarten mit Motiven aus dem „Berliner Verkehr" kaufen, die bei den Daheimgebliebenen in der Provinz enormen Eindruck machten.

Die Eisenbahn in Berlin spielte dabei noch eine besondere Rolle, denn sie besorgte einmal die Fernreise von und nach der größten deutschen Stadt, beförderte auf ihrem System der Stadt-, Ring und Vorortbahnen aber auch den Berliner und die Berlinerin zur Arbeit, zum Einkauf, ins Vergnügen und wieder nach Hause. Fast zweihundert Bahnhöfe und Haltestellen verwaltete der Berliner Eisenbahndirektionsbezirk vor dem Ersten Weltkrieg. Spätestens seit dem Bau der Ringbahn und der Stadtbahn wuchs die Großstadt Berlin unbändig am stählernen Skelett ihrer Bahnstrecken entlang, ohne die sich die Erschließung von Industriegebieten, Villenkolonien und Mietskasernenvierteln nicht mehr denken ließ. Und zugleich baute Berlin auch Eisenbahnen: bei Borsig, Schwartzkopff, Orenstein & Koppel, Siemens und der AEG. Hier entstanden Dampflokomotiven und Elektrotriebwagen für die Strecken der Stadt wie für die Gleise in fernen Kontinenten. Der „Lokomotivkönig Borsig" und der „Eisenbahnkönig Strousberg" waren Berliner Bürger.

Berlin war so riesig und sein Eisenbahnnetz so vielteilig, daß die Stadt fast 150 Jahre verstreichen lassen konnte, bis sie sich einen Hauptbahnhof bauen mußte. Auch diese Episode liegt schon wieder hinter uns. Einen Hauptbahnhof haben wohl viele Orte in Ost und West, doch die verwirrende Fülle von Anhalter, Potsdamer, Lehrter, Hamburger, Stettiner und Schlesischem Bahnhof neben den Stadtbahnhöfen Charlottenburg, Zoologischer Garten, Friedrichstraße und Alexanderplatz hatte eben nur Berlin. Wer sich da auskannte mit der „Ringbahn-Spitzkehre" und den „Bankierzügen", mußte ein echter Berliner sein oder bald einer werden. Und so waren die Eisenbahnen in Berlin den Menschen dieser Großstadt immer eng ans Herz gewachsen.

Die Bahnhöfe und die Zugabteile bildeten die Kulisse für den alltäglichen Weg zur Arbeit, häufig ein ganzes Leben lang, und für Abschiedsschmerz oder Wiedersehensfreude. Viele Romanfiguren Theodor Fontanes und die „Familie Buchholz" von Julius Stinde haben stellvertretend für Millionen Menschen in Berlin auf dem Perron etwas erlebt und gesehen: den Ausflug nach Halensee, die Hochzeitsreise nach Dresden, den Ferienzug nach Rügen oder Thale. Junge Leute trafen sich zum Stelldichein unter der Normaluhr am Bahnhof Zoo, ältere Herrschaften besprachen sich beim „Franziskaner" am Bahnhof Friedrichstraße.

Unter dem Titel „Berlin und seine Eisenbahnen" ist 1896 eine fundamentale Geschichte des Schienenverkehrs in der Stadt zwischen 1838 und diesem Zeitpunkt erschienen. Die Bände der Reihe „Berlin und seine Bauten" haben die wissenschaftliche Beschäftigung mit den Bahnhöfen bis in unsere Zeit fortgesetzt, doch eine detaillierte Beschreibung der wechselvollen Verkehrs- und Betriebsgeschichte der Berliner Eisenbahnen würde leicht Lexikonformat annehmen. Wie oft sind hier schon Strecken eröffnet und umgebaut, elektrisch ausgerüstet und demontiert, wieder hergestellt und stillgelegt worden...

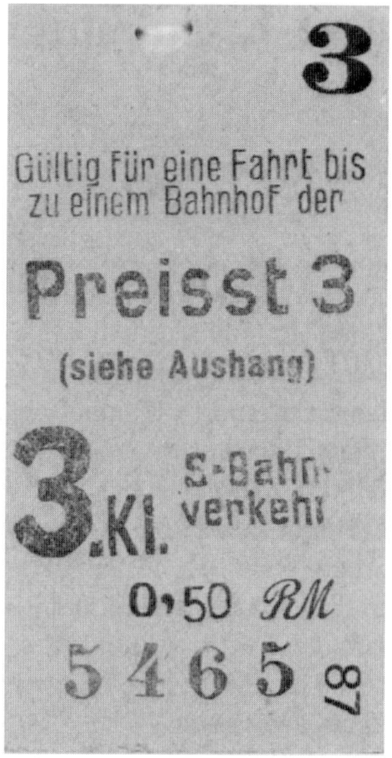

Eine siebzig Jahre alte Fahrkarte der Berliner S-Bahn.

Mit diesem Album soll ein anderer Weg beschritten werden: Bilder können viele Erinnerungen wecken und Veränderungen beschreiben, die mit Berlin und seinen Eisenbahnen verknüpft sind. Manche Abbildung wird Zustände und Entwicklungen an anderer Stelle in Berlin vertreten dürfen, ohne daß diese eigens erwähnt sind. Aus vielen tausend Illustrationen sind hier etwa fünfhundert Darstellungen versammelt, die dem Herausgeber besonders prägnant erschienen. Dazu zählen Werke prominenter Lichtbildner wie Schwartz, Titzenthaler, Seidenstücker, Eschen, Krajewsky und Ries ebenso wie die lokomotivgeschichtlichen Fotografien von Hubert, Maey, Treichel und anderen. Werkaufnahmen der eisenbahntechnischen Industrie stehen in reizvollem Kontrast zu Schnappschüssen von Amateuren mit ihrem Blick für das eigentlich persönliche Detail. Einige Karten, Dokumente und Pläne der Eisenbahn runden dieses Mosaikbild ab.

Die vergangenen 175 Jahre der Eisenbahngeschichte Berlins umfassen auch den gleichen Zeitraum deutscher Geschichte in einer ihrer wichtigsten Städte. In Berlin fuhren mit der Eisenbahn der König Friedrich Wilhelm IV. zur Zeit der Revolution von 1848, der Reichskanzler Bismarck zur Zeit der Sozialistengesetze 1878, der Kaiser Wilhelm II. zur Zeit der Kriegserklärung 1914, Ebert und Hindenburg, Hitler und sein Verkehrsminister Dorpmüller. Selbst Stalin kam 1945 mit der Eisenbahn auf einem Breitspurgleis nach Berlin und Potsdam. Die Luftbrücke, die Interzonenzüge und das Transitabkommen sind so wichtige Stichwörter zur Berliner Eisenbahnpolitik wie 1984 die Übernahme der S-Bahn in Berlin (West) durch den Senat oder die langwierige Elektrifizierung und Modernisierung einer Bahnstrecke in das Bundesgebiet. Der letzte Krieg mit seinen Gründen und seinen Folgen ist nur an wenigen Orten in Deutschland noch heute deutlicher spürbar als an Berlins Eisenbahnen. Der Fall der Mauer hat abermals große Veränderungen bewirkt. Das zu erklären ist eine der Aufgaben dieses Buches.

Mancher Betrachter und Leser dieses Albums wird seine eigenen Bilder und alten Ansichtskarten mit dieser Kollektion vergleichen und feststellen, daß dazu etwas mehr notwendig war als die Sammeltätigkeit eines einzelnen Freundes der Eisenbahn und der Stadtgeschichte: Aus dem Museum für Verkehr und Technik, der Landesbildstelle, dem Bildarchiv Preußischer Kulturbesitz, dem Bundesarchiv, vielen Werksarchiven und aus den Alben zahlreicher Freunde sind unsere Aufnahmen ausgewählt worden. Das Bildquellenverzeichnis am Schluß des Bandes nennt die Namen der Leihgeber, denen Leser und Herausgeber gleichermaßen zu Dank verpflichtet sind.

Die Abbildungen in diesem Buch sind weitgehend nach ihrer zeitlichen Reihenfolge geordnet. Die zehn Kapitel orientieren sich an den Epochen unserer Geschichte von 1838 bis heute, weil damit die Abfolge der Ereignisse und Bauten einprägsam vermittelt werden konnte. Das Album will Erklärungen liefern und Verständnis wecken für manche Besonderheit des Berliner Eisenbahnwesens: es will einladen zu eigenen Pirschgängen nach Südende und Düppel, nach Staaken und Heiligensee, an die Bornholmer Straße und an den Askanischen Platz, aber auch in die renovierten Bahnhöfe der Stadtbahn. Mit der deutschen Vereinigung begann 1990 auch für Berlins Eisenbahnen eine neue Zeit.

A. G.

Reiseziele 1936: Wagenlaufschilder der Reichsbahn.

Am Anfang dieses Albums steht eine Lokomotive des Typs von Stephenson aus Newcastle in England, wie er 1838 auf der ersten preußischen Eisenbahn zwischen Berlin und Potsdam gelaufen ist. Leider ist kein Originalfahrzeug erhalten geblieben. Es war deshalb nur der Nachbau des „Adler“ aus Nürnberg, der im September 1938 zur Hundertjahrfeier der Stammbahn am zweiten Potsdamer Bahnhof eingesetzt worden ist.

1. Kapitel

Die Berlin-Potsdamer Eisenbahn und ihre Folgen (1838–1871)

Eine enorme Entwicklung liegt zwischen dem Bau der ersten Eisenbahn in Preußen 1838 und der Proklamation eines deutschen Kaisers 1871 in Versailles. Während dieser guten dreißig Jahre waren Bahnhöfe und Strecken von Berlin in fast alle Himmelsrichtungen erbaut und auch schon wieder zu klein geworden; Zeichen des unglaublichen Wachstums der Stadt und ihrer Eisenbahnen. Diese Epoche war die Blütezeit der Privatbahnen, denn erst allmählich sah man in Preußen den Bau und Betrieb von Eisenbahnen als staatliche Infrastrukturmaßnahme an. Damals wurde der Begriff der „öffentlichen Arbeiten“ geprägt, zu denen auch bald Stadteisenbahnen und später das gesamte Staatseisenbahnwesen zählen sollten.

Einen ersten Blick auf die Entwicklung des Berliner Eisenbahnverkehrs gab Geheimrat Housselle in dem Werk über „Berlin und seine Bauten“ von 1896: „Natürlich war es, daß bald nach der Erfindung der Eisenbahnen – wenn man so sagen darf – mehrere Unternehmungen ins Leben traten, welche die preußische Hauptstadt mit den Provinzen und dem Auslande verbinden wollten. So entstanden in dem Jahrzehnt von 1837 bis 1846 die fünf älteren Berliner Bahnen. Damit schien es vorläufig genug zu sein. Erst der durch die siegreichen Kriege der sechziger Jahre hervorgerufene Zuwachs an Macht für den Staat und an Selbstbewußtsein für das Volk, welcher sich durch den beispiellosen Erfolg von 1870 auf das Deutsche Reich ausdehnte, zeitigte die zweite Eisenbahn-Bauperiode, welche sich, wie die erste, nahezu auf ein Jahrzehnt, die Jahre 1867–1879 beschränkte. In ihr wurde Berlin mit sieben neuen Bahnen beschenkt. Die Zahl der Berliner Bahnen wuchs von fünf auf zwölf. Auch das Bindeglied zwischen dem Osten und Westen Berlins, die Stadtbahn, entstammt dieser Periode, wenn es auch erst 1882 für den Verkehr wirksam wurde.

Wenn nun seitdem keine größere neue Bahn für Berlin hinzugetreten ist, wenn außer dem viergleisigen Ausbau der Strecke Berlin–Potsdam, dem zweigleisigen der Linie Berlin–Oranienburg und dem nunmehr fast vollendeten viergleisigen Ausbau der Ringbahn nebst der damit in Beziehung stehenden Herstellung außen liegender Rangierbahnhöfe erhebliche Eisenbahnbauten in und um Berlin nicht mehr ausgeführt sind, so könnte man auf eine Abnahme des Verkehrszuwachses schließen. Mit Recht wird man aber nur eine immer stärkere Inanspruchnahme der Leistungsfähigkeit der vorhandenen Anlagen und ein hervorragendes Wachsen des Ortsverkehrs gegenüber dem Fernverkehr aus den baulichen Maßnahmen der Eisenbahnverwaltung folgern können. Auch dürfte die Anschauung nicht unrichtig sein, daß in nächster Zeit wieder größere Aufwendungen für die Bahnanlagen Berlins nothwendig sind, wenn nicht erhebliche Unzulänglichkeiten hervortreten sollen.“

Berlins erste Lokomotive

Der Arbeit und Tüchtigkeit des Hütteninspektors Johann Friedrich Krigar (1774–1852) verdankte Berlin seine ersten beiden Lokomotiven bereits mehr als zwei Jahrzehnte vor dem Bau der Eisenbahn nach Potsdam: Krigar stand seit 1804 der Königlichen Eisengießerei am Oranienburger Tor vor und reiste 1814 auf Staatskosten nach England, um dort die modernsten Maschinen kennenzulernen. Darunter war auch der Dampfwagen von Blenkinsop, dem die 1816 in Berlin gebaute Lokomotive mit ihrem seitlichen Zahnradabtrieb deutlich ähnelt. Nach Probefahrten in Berlin wurde sie zur Königshütte in Oberschlesien verschifft, paßte dort aber nicht zu den vorhandenen Schienen. Auf einer kleinen gußeisernen Neujahrskarte von 1816 ist sie neben anderen Produkten der Gießerei dargestellt. Ein ähnlicher Dampfwagen wurde 1818 für die Steinkohleförderung im Saarbrücker Revier angefertigt, kam aber gleichfalls nicht in Betrieb. Offenbar war die junge Industrienation Preußen noch nicht in der Lage, dem Vorbild England bei Konstruktion, Material und Verarbeitung im Maschinenbau zu folgen. Deshalb rief man die belgischen Maschinenbauer Cockerill nach Berlin und erlaubte Franz Anton Egells 1823 den Aufbau der privaten „Neuen Berliner Eisengießerei" in der Chausseestraße. Bei ihm arbeitete seit 1827 August Borsig als Werkmeister. Das Bild rechts unten zeigt das 1828 gebaute Wohnhaus und Verwaltungsgebäude von Egells im Berliner Maschinenbauerviertel, aufgenommen um 1870. Auch August Borsig zog 1829 hier ein. Im Jahre 1840 hat Egells seine erste Dampflokomotive gebaut, diesen Fabrikationszweig aber bald wieder aufgegeben.

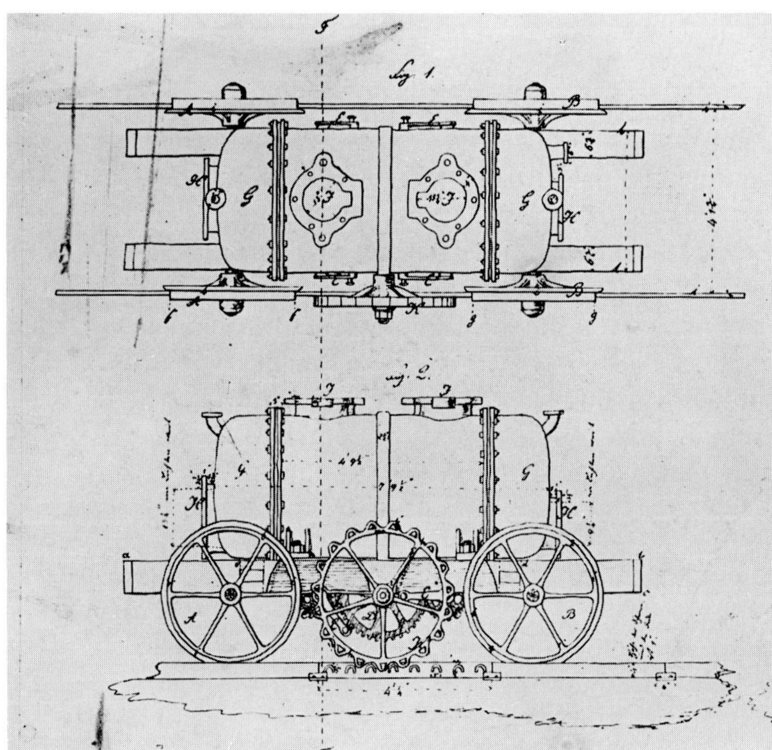

1816

Die erste preußische Eisenbahn

Die Bahnverbindung zwischen den Residenzstädten Berlin und Potsdam wurde als erste Bahnstrecke in Preußen gebaut. Ihre sechs Lokomotiven und Personenwagen der verschiedenen Klassen wurden von Robert Stephenson in Newcastle geliefert. Am 22. September 1838 wurde der Abschnitt von Potsdam nach Zehlendorf eröffnet, am 29. Oktober das Teilstück nach Berlin. Die Bahn war eingleisig ausgeführt und insgesamt 26 360 m lang, deshalb mit Ausweichen in Steglitz und Zehlendorf gebaut. Ihr Bahnhof in Berlin (Bild links oben) lag vor dem Potsdamer Tor an der damaligen Hirschelstraße, der heutigen Stresemannstraße. Neben Einsteighalle und Schuppen für Loks und Wagen besaß die Bahn auch einen Stall für 45 Pferde, die besonders nachts als Zugmittel eingesetzt werden sollten. Von Berlin bis zum Bahnhof Potsdam (Bild unten) fuhr der Dampfzug 60 bis 80 Minuten, während die Postkutsche noch mehr als drei Stunden gebraucht hatte. Der Fahrpreis belief sich in den drei Wagenklassen auf 17½ Silbergroschen, auf 12½ und 7½ Silbergroschen.

Drei frühe Bahnhöfe

Nach dem Bau der Potsdamer Strecke wurden in Berlin bald weitere Eisenbahngesellschaften gegründet, die ihre Linien nach allen Himmelrichtungen ausstreckten. Der erste Anhalter Bahnhof (Bild rechts innen) wurde am 1. Juli 1841 für den Verkehr in Richtung Jüterbogk eröffnet. Am 10. September 1841 war die Gesamtstrecke über Dessau nach Köthen in Anhalt befahrbar. Rechts außen die Wiedergabe einer weiteren eisernen Neujahrplakette der Königlichen Gießerei, die den Stettiner Bahnhof darstellt. Diese Strecke war am 30. Juli 1842 vollendet worden. Nach Frankfurt an der Oder konnte man seit dem 23. Oktober 1842 per Eisenbahn fahren, und zwar vom „Frankfurter Bahnhof" im Bild rechts unten. Es war der einzige Berliner Bahnhof innerhalb der Stadtmauern. 1844 wurde die Gesellschaft mit der Niederschlesisch-Märkischen Bahn verschmolzen, die 1846 bereits bis Breslau reichte. Dieser gewaltige Bahnbau schuf auch die Grundlage für Berlins Lokomotivbau: August Borsig stellte 1844 zur Gewerbeausstellung seine erste eigene Konstruktion „Beuth" vor, benannt nach dem alten Leiter der Gewerbeschule. Zuvor hatte Borsig schon 23 Lokomotiven nach amerikanischem Vorbild geliefert. Im Bild unten der orginalgetreue Nachbau der Beuth-Lokomotive, der 1912 zum 75. Geburtstag der Firma Borsig hergestellt worden ist und heute im Berliner Verkehrsmuseum steht.

Fahrplan der Berliner Eisenbahnen.

Von und nach Berlin.

Abgang nach Ankunft von	Anhaltsche Bahn: **Halle-Leipzig-Cassel.**	8 Mg., 12 Mitt., 10 Ab. 9½ Mg., 12½ Mitt., 9½ Ab.	**bis Kassel:** I. Kl. 14 Thlr. 17 Sgr., II. Kl. 9 Thlr. 7 Sgr. III. Kl. 6 Thlr. 27½ Sgr
Abgang nach Ankunft von	Anhaltsche Bahn: **Röderau-Leipz.-Dresden, Prag, Wien.**	7 Mg., 10 Morg. 1¾ Mitt. 11¾ Morgens, 6 Abends, 8¾ Abends.	**bis Leipzig:** I. Kl. 6 Thlr., II. Kl. 4 Thlr., III. Kl. 3 Thl.; **bis Dresden:** I. Kl. 5½ Thlr., II. Kl. 3⅔ Thlr., III. Kl. 2⅓ Thlr.
Abgang nach Ankunft von	**Breslau**	8 Morgens, 11 Abends. 4½ „ 6¾ „	I. Kl. 11 Thlr. 2½ Sgr., II. Kl. 7 Thlr. 5 Sgr., III. Kl. 5 Thlr. 17½ Sgr.
Abgang nach Ankunft von	**Frankfurt a. O.**	8 Morg., 6 Abends, 11 Abends. 4½ „ 9¼ Vorm., 6¾ „	I. Kl. 2½ Thlr., II. Kl. 1 Thlr. 18½ Sgr., III. Kl. 1¼ Thlr.
Abgang nach Ankunft von	**Hamburg**	7½ Morgens, 6 Abends, 11 Abends. 10½ à ¾ Mg., 4 à 4¼ N., 8¾ à 9¼ Ab.	I. Kl. 7⅓ Thlr., II. Kl. 5⅔ Thlr., III. Kl. 4⅙ Thlr.
Abgang nach Ankunft von	**Magdeburg**	5, 7½ Morg. (Schnellz.) 12 Mitt. 10 Abds. 9½ Mg., 1¼ Mitt., 9¼ Ab. (Schllz.) 11¼ Ab.	I. Kl. 4⅔ Thlr., II. Kl. 3⅓ Thlr., III. Kl. 2⅓ Thlr.
Billets für hin und zurück bis zum 3. Tage gültig: I. Kl. 8 Thlr., II. Kl. 5⅓ Thlr., III. Kl. 3⅓ Thlr.			
Abgang nach Ankunft von	**Potsdam** Local-Züge.	8, 10, 12, 2, 5, 7, 10½ Uhr. 8, 10, 12, 2, 5, 7, 8½ Uhr.	I. Kl. 24 Sgr., II. Kl. 17½ Sgr., III. Kl. 12 Sgr.
Billets für hin und zurück sind bis zum 2. Tage gültig: I. Kl. 1⅓ Thlr., II. Kl. 1 Thlr., III. Kl. 20 Sgr.			
Abgang nach Ankunft von	**Posen**	6¼ Morgens, 10½ Abends. 5¼ „ 9¼ „	I. Kl. 10 Thlr., II. Kl. 7½ Thlr. III. Kl. 5 Thlr.
Abgang nach Ankunft von	**Stettin**	6¼ Morg., 12¼ Mitt., 5½ Nm., 10½ Abends (Schnllz.). 5¼ Morg. (Schnllz.), 9¾ Morg., 4 Nm., 9¼ Abends.	I. Kl. 4 Thlr., II. Kl. 3 Thlr., III. Kl. 2 Thlr.

Verlag von A. Hofmann & Comp. in Berlin, Hausvoigteiplatz 3.
Druck von Eduard Krause in Berlin, Lindenstr. 81.

Der Hamburger Bahnhof in Berlin

Wie rasch sich der Baustil für Bahnhöfe in den ersten Jahren der Eisenbahn entwickelte, zeigen die beiden Ansichten des berühmten „Hamburger Bahnhofes" rechts. Er ist 1846 von Friedrich Neuhaus und Ferdinand Holz entworfen und im Sommer 1847 fertiggestellt worden. Der Bau ist größer und repräsentativer angelegt als die bisher üblichen Empfangsgebäude, weil die Bahngesellschaft fest mit einem erheblichen Verkehrsaufkommen rechnen konnte. Durch die beiden Torbogen im oberen, etwa 1870 entstandenen Bild rollten die Zuglokomotiven zu einer Drehscheibe vor dem Bahnhof, um über ein freies Gleis zum Schuppen zurückzudampfen. Die Aufnahme darunter zeigt die alte Bahnsteighalle um 1865 mit zwei Zügen auf der Abfahrtseite, denen aber die Lokomotive noch fehlt. Rechts zweigt das Gleis der Berliner Verbindungsbahn ab, mit der seit 1851 unter den Privatbahnen in Berlin einzelne Züge weitergegeben werden konnten. Diese Anlage war besonders für Militärtransporte gedacht. Mit welchen Zügen und zu welchen Preisen der gewöhnliche Reisende zu kalkulieren hatte, zeigt der obenstehende Fahrplan aus dem Jahre 1853. Auffallend bei der Hamburger Bahn sind die ungenauen Angaben bei der Ankunftszeit, die sich aus den Unwägbarkeiten der Achtstundenfahrt ergeben haben. Bei der Bahn nach Potsdam und Magdeburg werden schon die „Localzüge" von Fernzügen getrennt und im Taktfahrplan angeboten.

HAVEL

Borsig und seine Lokomotiven

Im März 1854, wenige Wochen vor August Borsigs Tod, hatte die Lokomotive mit der Fabriknummer 500 in feierlicher Zeremonie seine Fabrik verlassen. Mit einer Jahreslieferung von 80 bis 100 Dampfloks hatte das Werk an der Chausseestraße in Deutschland eine Spitzenstellung inne. Die Fotografie von F. A. Schwartz (links) zeigt seinen Eingang mit den 1860 errichteten Arkaden von Strack, von denen Überreste heute auf dem Gelände der Technischen Universität zu besichtigen sind. Rechts im Bild die Elsässer Straße, früher Thorstraße, mit einem Wagen der Pferdebahn, um 1870. Auf den Werkshof führen die beiden Lokomotivbilder: Links unten eine typische Schnellzugmaschine von 1865, die „Havel" der Bergisch-Märkischen Eisenbahn mit Fabriknummer 1898 und zwei gekuppelten Treibachsen, während die kurz zuvor an die Berlin-Hamburger Bahn gelieferte Fabriknummer 1757 noch in der alten Bauweise mit einem Treibradsatz daherkommt. Ein Werkmeister ist für die Aufnahme (unten) an den Reglerhebel gestellt worden. 1887 wurde dieses Werk aufgegeben.

Die alte Verbindungsbahn

Nachdem die Mobilmachung der preußischen Truppen im Herbst 1850 erwiesen hatte, daß der Übergang von einem Bahnhof zum anderen in Berlin viel Zeit erforderte, ordnete König Friedrich Wilhelm IV. den sofortigen Bau einer Verbindungsbahn zwischen dem Stettiner, Hamburger und Potsdamer Bahnhof auf Staatskosten an. Diesem 1851 durchgeführten Vorhaben schloß sich auch die Anhaltische Bahn an. Die Strecke wurde in einem Halbkreis entlang der Stadtmauer westlich um das alte Berlin herumgebaut; das Bild unten zeigt den Potsdamer Platz mit den Wachhäusern an der Leipziger Straße um 1860. Um nicht in Isolation zu geraten, schloß sich auch die Niederschlesisch-Märkische Bahn an und übernahm ab Herbst 1851 sogar den Betrieb auf dem eingleisigen Provisorium. Die Bilder rechts oben erinnern an August Borsig (1804-1854) und den Maschinenbauer Louis Schwartzkopff (1825-1892), der selbst einmal bei Borsig gelernt und sich 1852 selbständig gemacht hatte. Die Hallen am Lehrter und am Schlesischen Bahnhof kamen aus seinem Werk. Darunter links Friedrich Neuhaus (1797-1876), der technische Direktor der Berlin-Hamburger Eisenbahn und Erbauer des Bahnhofes an der Invalidenstraße, rechts der gern als „Eisenbahnkönig" bezeichnete Kaufmann Bethel Henry Strousberg (1823-1884), dessen Taten in Berlin der Görlitzer Bahnhof zu verdanken war.

OSCHERSLEBEN

Lokomotiven von Schwartzkopff

In den ersten Jahren nach der Firmengründung 1852 baute die Eisengießerei und Maschinenfabrik von Louis Schwartzkopff an der Berliner Chausseestraße viele Dampfhämmer und Dampfmaschinen, dazu Drehscheiben, Wasserstationen, Weichen und Hallen für die Eisenbahn. Im Februar 1867 verließ seine erste Lokomotive „Weishaupt“ für die Niederschlesisch-Märkische Eisenbahn (Bild links oben) das Werk. Sie war für Güterzüge entworfen wie seine 39. Lokomotive „Oschersleben“, die im folgenden Jahr an die Königliche Ostbahn als Nr. 254 ging (Bild links unten). Bis 1873 hatte Schwartzkopff schon 500 Loks gebaut, und seine tausendste Maschine zeigt die Aufnahme dieser Stelle. Der spätere „Hofphotograph F. Albert Schwartz“ hat sie 1879 „photographiert nach der Natur“ und uns damit überliefert. In der Fabrik, die seit 1870 als Aktiengesellschaft geführt wurde, waren über zweitausend Arbeiter beschäftigt. Das Bildnis Schwartzkopffs auf vielen Dampflok-Fabrikschildern hat dem Mann eine bis heute fortdauernde Popularität beschert.

Neue Bahnhöfe für eine wachsende Stadt

Zwischen 1834 und 1871 hat sich die Einwohnerzahl Berlins mehr als verdreifacht: von 300 000 auf 930 000 Menschen. In dieser Zeitspanne war die Eisenbahnfahrt schon fast zu einer Selbstverständlichkeit geworden. Die Mobilität der Leute wuchs mit den Streckennetzen, und umgekehrt galt diese Formel ebenso. In einem wahren Gründerfieber wurden vor 1880 neue Bahnlinien und Bahnhöfe förmlich aus dem Boden gestampft, so in Berlin 1868 von Orth der Görlitzer Bahnhof (Bild rechts oben) durch den sagenhaften „Eisenbahnkönig Strousberg", dessen Imperium freilich ab 1870 schon wieder zusammenbrach. Er hatte versucht, Geld durch die Ausgabe von Aktien unter ihrem Nennwert hereinzubekommen, und war damit gescheitert. Auf soliderer Basis bewegte sich die Erneuerung des Schlesischen Bahnhofs ab 1869 (Bild rechts unten), bei der sogar das alte Empfangsgebäude der Frankfurter Bahn von Seite 15 erhalten bleiben mußte. Grüttefien entwarf die Halle nach Angaben Schwedlers und ließ sie von Schwartzkopff bauen, als die Züge und die Lokomotiven immer weiter wuchsen. Der Plan unten zeigt das Berliner Eisenbahnnetz um 1877 mit der neuen Ringbahn außerhalb der Stadt, wie sie Artur Fürst im „Weltreich der Technik" 1924 dargestellt hat.

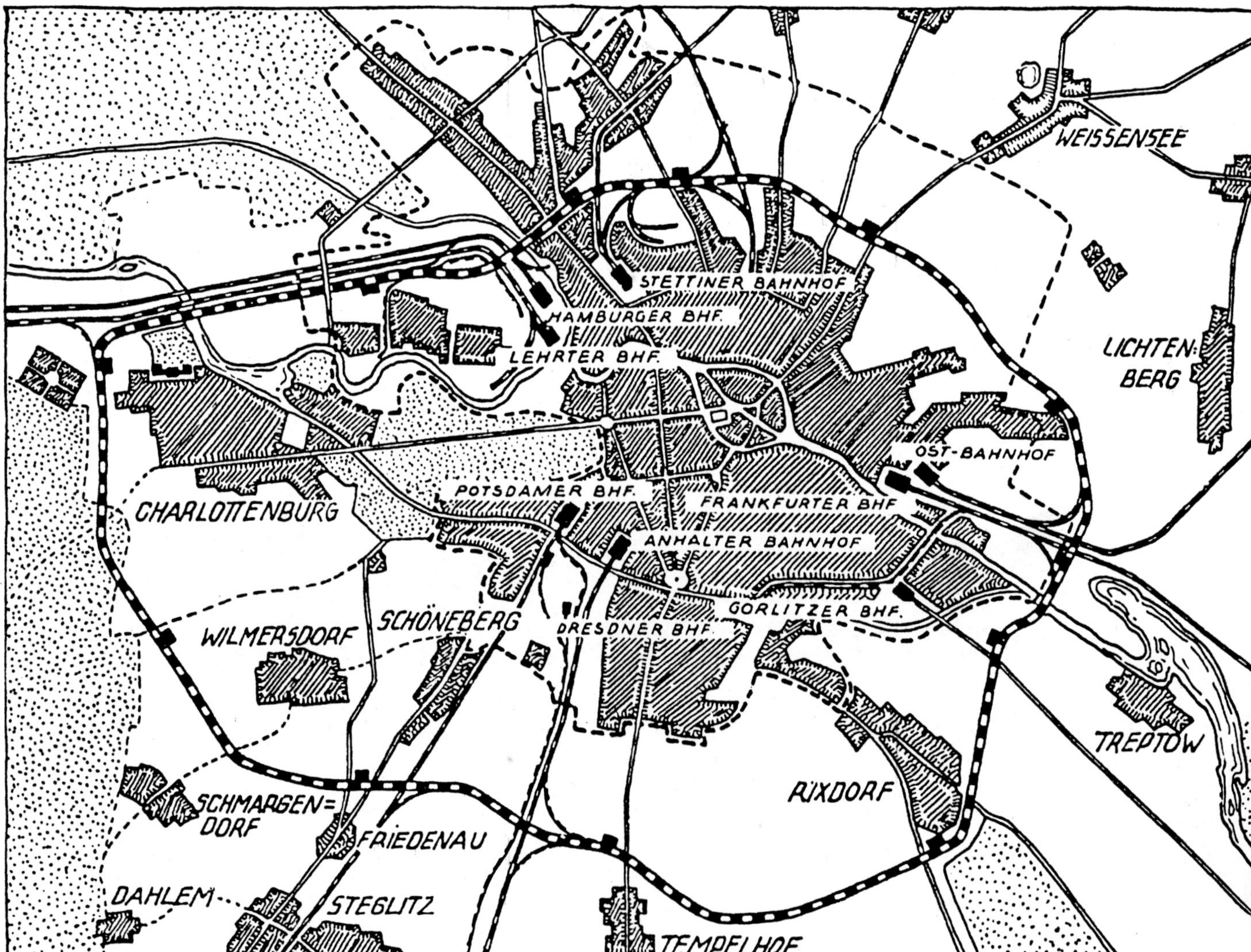

Gruss aus Berlin O.
Küstriner Platz

STATIONSGEBÄUDE BERLIN.
Façade des Kopfgebæudes.

Potsdamer und Cüstriner Bahnhof

Der neue Berliner Bahnhof der Königlichen Ostbahn, am Cüstriner Platz gelegen, wurde am 1. Oktober 1867 in Betrieb genommen. Mit dem Bau der direkten Bahn nach Küstrin (und Königsberg) wollte sie den bisher mitbenutzten Schlesischen Bahnhof verlassen. Als das reichgeschmückte Bauwerk für die Ansichtskarte links oben um 1900 aufgenommen wurde, rollten aber die Züge aus Ostpreußen schon seit Sommer 1882 wieder durch den Schlesischen Bahnhof auf die Stadtbahn: nur 15 Jahre hat dieser erste „Ostbahnhof" die Lokomotiven in seiner Halle gesehen, die der Hofbaurat Lohse entworfen und die Maschinenfabrik Bayenthal geliefert hat. Ähnlich dekorativ wurde der zweite Potsdamer Bahnhof 1869 (Bild links unten) von Weise, Doebner und Sillich gezeichnet, dessen Bau der gewaltig angewachsene Verkehr erforderte. Im Bild unten wird seine feierliche Eröffnung durch Kaiser Wilhelm I. bei der Rückkehr aus Badgastein am 30. August 1872 dokumentiert.

Der Lehrter Bahnhof

Zwischen Herbst 1869 und Sommer 1871 ist „das Schloß unter Berlins Bahnhöfen", der Lehrter Bahnhof in Moabit, nach Plänen von Lent, Scholz und Lapierre errichtet worden. Die Magdeburg-Halberstädter Eisenbahngesellschaft wollte damit eine direkte Linie von Berlin nach Hannover schaffen, die dem Monopol der Potsdam-Magdeburger Bahn in Richtung Westen entgegentrat. Der Bau selbst wurde mit Rücksicht auf das nahegelegene Schloß Bellevue hell verputzt, für den Güterbahnhof hat König Wilhelm I. sogar einen Sichtschutz durch Baumreihen durchgesetzt. Die Aufnahme rechts oben zeigt den Bau an der Spree im Jahre 1898, das Bild darunter die eigenartige Landschaft zwischen Lehrter Bahnhof (links) und Hamburger Bahnhof (rechts) im Jahre 1878. Noch ist die Stadtbahnstrecke nicht gebaut, die ab 1882 das Bild durchschneiden sollte. Der Humboldthafen im Vordergrund ist mit Schiffen angefüllt. Einen Blick in die Halle des Lehrter Bahnhofs gestattet das Bild unten, wo ein kurzer Personenzug auf der Ankunftsseite angehalten worden ist, um diese Aufnahme von 1879 zu ermöglichen.

Die Szene von Bismarcks Abreise nach Friedrichsruh steht am Anfang dieses Kapitels, das sich mit den Eisenbahnen in Berlin zu seiner Zeit als Reichskanzler beschäftigt. Sein Plan, alle deutschen Eisenbahnen in einer gemeinsamen Verwaltung zusammenzufassen, beschäftigte nach der Reichsgründung 1871 heftig die Gemüter. Die Aufnahme mit Bismarcks Salonwagen auf dem Lehrter Bahnhof in Berlin entstand nach seiner Entlassung durch Kaiser Wilhelm II. am 29. März 1890.

2. Kapitel

Die großen Berliner Bahnhöfe vor der Jahrhundertwende (1871–1900)

Nun war Berlin zur Reichshauptstadt und Kaiserstadt geworden. Die Fernbahnhöfe der zweiten Generation entstanden, man legte die Ringbahn rund um Berlin und die Stadtbahn von Ost nach West durch die gewaltig angewachsene Siedlung. Auf Initiative Bismarcks und seines Ministers Maybach wurden die privaten Bahnen allmählich verstaatlicht und zur Verwaltung der Preußischen Staatseisenbahnen zusammengefaßt. Sie baute nacheinander die getrennten Vorortstrecken neben den Fernbahnen aus und schuf damit die Voraussetzungen für einen besonderen Tarif des Nahverkehrs, der Berlins Eisenbahnwesen revolutionierte. Dazu lesen wir in „Meyers Konversationslexikon" von 1897 folgendes: „In Berlin wurde im Juli 1871 die Ringbahn mit zwei Gleisen und sieben Bahnhöfen, jedoch ohne das damals noch fehlende westliche Stück Schöneberg–Moabit, eröffnet, war aber anfangs nur für den Güterverkehr bestimmt, um die verschiedenen Berliner Bahnhöfe in Verbindung zu bringen. Bald folgte indes auch die Einrichtung für Personenverkehr und noch in den 70er Jahren der Schluß des Ringes sowie bald der Anschluß der Rangierbahnhöfe Tempelhof (Anhalter Bahn), Rummelsburg (Schlesische Bahn), Lichtenberg (Ostbahn) und später Grunewald (Wetzlarer Bahn). Der Personenverkehr blieb gering, bis mit dem Hinzutreten der im Frühjahr 1882 eröffneten Stadtbahn die Stadtringzüge eingerichtet wurden, die eine bedeutende Erweiterung und Umgestaltung der Ringbahn im Gefolge hatten, so insbesondere die bis auf das kurze südliche Stück Schöneberg–Rixdorf gegenwärtig (1897) bereits durchgeführte Hinzufügung zweier besonderer Gleise für den Güterverkehr. Die Berliner Stadtbahn war 1872 von einer Privatgesellschaft in Aussicht genommen, um die östlich und westlich in Berlin einlaufenden Fernbahnen in Verbindung zu bringen und im Innern der Stadt Bahnhöfe für den Fernverkehr zu errichten. Im Jahre 1878 ging das Unternehmen in die Hände des schon vorher beteiligten preußischen Staates über und wurde nun viergleisig ausgestaltet, so daß die zwei südlichen Gleise für den Fern- und Vorortverkehr bestimmt und die beiden nördlichen ausschließlich dem gepäcklosen binnenstädtischen und Stadtringbahn-Verkehr (nebst Anschluß der westlich gelegenen Ausflugstation Grunewald) vorbehalten wurden. Der Güterverkehr blieb der Ringbahn zugewiesen und wurde von der Stadtbahn ausgeschlossen mit Ausnahme der später eingefügten Markthallenzüge zur städtischen Haupt-Markthalle am Bahnhof Alexanderplatz, welche Anschluß an die Ferngleise erhalten hat."

Die Verstaatlichung der preußischen Eisenbahnen

Nachdem Bismarcks Plan zur Bildung einer Reichseisenbahn nach 1871 gescheitert war, verfolgte man in Preußen die Politik der Verstaatlichung aller Privatbahnen weiter. Da die Gewinne der Gesellschaften durch die wachsende Konkurrenz und die Gründerkrise von 1873 deutlich sanken, waren viele Aktionäre zum Verkauf ihrer Anteile an den Staat bereit. Diese Politik wurde im Ministerium für Handel, Gewerbe und Öffentliche Arbeiten am Wilhelmplatz in Berlin (Bild oben) verwirklicht. Als die Aufnahme 1934 entstand, waren hier schon das Reichsverkehrsministerium und die Verwaltung der Reichsbahn-Gesellschaft untergebracht. Die farbige Abbildung rechts führt zurück in die Jahre um 1880, als solche Siegelmarken für wichtige Briefe der Bahnen benutzt wurden: Von der Berlin-Görlitzer Bahn und der Berlin-Dresdener Bahn reicht die Auswahl bis zu einer „General-Bau-Bank“ und der „Militair-Eisenbahn“. Die Adler in der untersten Reihe sind die Wappentiere der Verstaatlichung, leicht durch die Abkürzung „Kgl.“ zu erkennen.

BERLIN-GÖRLITZER-EISENBAHN-GESELLSCHAFT
DIRECTION
DIRECTION DER BERLIN-DRESDENER EISENB.-GESELLSCHAFT.
BERLIN-GÖRLITZER-EISENBAHN-GESELLSCHAFT
OBER-GÜTER-VERWALTUNG
DIRECTION D. BERL. ANHALT. EISENB. GESELLSCHAFT
ZIMMERMANN & BUCHLOH
EISENBAHN-SIGNALBAU-ANSTALT
BERLIN N.20.
BERLIN-DRESDENER-EISENBAHN
GENERAL-BAU-BANK
BAUMEISTER
BERLIN-GÖRLITZER-EISENBAHN-GESELLSCHAFT
HAUPT-CONTROLE
KOENIGL. PREUSSISCHE
MILITAIR EISENBAHN
BERLIN
SCHIESSPLATZ
BETRIEBS ABTHEILUNG
OBER-BETRIEBS INSPECTION B.
DER
BERLIN-STETTINER
EISENBAHN-GESELLSCHAFT
BERLIN-HAMBURGER EISENBAHN
BETRIEBS-INSPECTION
DIRECTORIUM
DER
BERLIN-STETTINER
EISENBAHN-GESELLSCHAFT
KGL. DIRECTION D. BERL. ANHALT. EISENB.
BERLIN
KGL. DIRECTION D. BERL.-HAMB. EISENB.
BERLIN
KANZLEI
KÖNIGL. EISENBAHN-DIRECT. BERLIN
KANZLEI
KGL. OBERVERSICHERUNGSAMT FÜR DEN EISENBAHNDIRECTIONSBEZIRK BERLIN
BERLIN-CHARLOTTENBURG

Stadtbahn bei Nacht

Diese sehr typische Ansichtskarte wurde zwischen 1900 und 1910 in Berlin vielfach verkauft: die Sperre, die Tenderlok und die Abteilwagen in einer verrauchten Halle verkörpern das Eisenbahnwesen der Stadt perfekt.

Gruß aus Berlin

Viele Bildpostkarten aus Berlin waren der modernen Stadtbahn gewidmet. Oben ein allgemeines Stimmungsbild von 1898, unten eine künstlerische Lithographie mit dem Leben und Treiben an der Jannowitzbrücke von 1901.

Vorder Ansicht

Der zweite Anhalter Bahnhof

Schon nach wenigen Betriebsjahren genügte der kleine Berlin-Anhaltische Eisenbahnhof, den Seite 15 zeigte, nicht mehr den Anforderungen. 1874 nahm die Gesellschaft daher den Neubau ihrer gesamten Berliner Bahnanlagen in Angriff. Ihr Architekt Franz Schwechten (siehe Seite 124) entwarf nach vielen Vorstudien den links oben gezeigten Personenbahnhof am Askanischen Platz, der am 15. Juni 1880 eröffnet wurde. Auch der Güterbahnhof an der Möckernstraße in Kreuzberg (Bild links unten) mit den drei Bögen für Fuhrwerke entstand 1874 nach Schwechtens Plänen. An der Dachkonstruktion für die 167 m lange und 60 m breite Halle (Bild unten) war der Ingenieur und Dichter Heinrich Seidel beteiligt. Immer wieder hat er die Ausmaße des Bauwerks mit der Straßenbreite „Unter den Linden" verglichen. An den Seiten war die Halle 19,2 m hoch, im First 34,25 m hoch.

Die Berliner Stadtbahn

Auf 731 gemauerten Vidadukten, auf Dämmen und Brükken durchquert die Berliner Stadtbahn in Ost-West-Richtung die Reichshauptstadt. Das Gleispaar für den „Localverkehr“ wurde am 6. Februar 1882 von Kaiser Wilhelm I. befahren und einen Tag später dem öffentlichen Verkehr übergeben (Bild rechts), während das Gleispaar für den Fernverkehr am 15. Mai 1882 in Betrieb ging. Die Bahnhöfe Charlottenburg, Zoologischer Garten (erst ab 1884), Friedrichstraße, Alexanderplatz und Schlesischer Bahnhof sollten fortan als ein moderner „Zentralbahnhof“ für Berlin dienen. Da die Linienführung der 12 145 m langen Bahn dem Bett des zugeschütteten Königsgrabens (Bild unten) und der Spree folgte, konnte man sie dicht an den Stadtkern heranführen. Unvorstellbar, welche Mengen von Ziegeln hier eingebaut worden sind.

Illustrirte Zeitung.

Abonnementspreis.
Durch den Buchhandel bezogen
Vierteljährlich für 13 Nummern . . 6 Mark.
Direct unter Kreuzband
von der Expedition der Illustrirten Zeitung bezogen, bei frankirter Zusendung
vierteljährlich
innerhalb des deutsch-österreich.
Postvereins . . . . 7 Mark 80 Pf.
innerhalb des Weltpostvereins 8 Mark 50 Pf.
außerhalb des Weltpostvereins 10 Mark 50 Pf.
Einzelpreis einer Nummer 1 Mark.

Bestellungen auf die Illustrirte Zeitung
werden von
allen deutschen Buch- und Kunsthandlungen des In- und Auslands
sowie von
allen Postämtern und Zeitungsexpeditionen in Deutschland und Oesterreich-Ungarn
angenommen; auch übernimmt
die Expedition der Illustrirten Zeitung in Leipzig
selbst die directe und regelmäßige Versendung franco per Post nach allen europäischen und außereuropäischen Ländern, gegen Anrechnung der entfallenden Gebühren.

Bekanntmachungen aller Art
finden durch die „Illustrirte Zeitung" die weiteste Verbreitung, und betragen die Insertionsgebühren für die fünfgespaltene Nonpareillezeile oder deren Raum 75 Pf. Alle Buchhandlungen und Annoncenbureaus nehmen Inserate für die „Illustrirte Zeitung" an, besorgen deren Einsendung und pflegen mit den Auftraggebern Abrechnung.
Gepreßte Einbanddecken . . . . . 4 Mark.
Elegante Lesemappen . . . . . 4 Mark.

Nr. 2017. Erscheint jeden Sonnabend. Leipzig, 25. Februar 1882. Preis vierteljährlich 6 Mark. 78. Band.

Die berliner Stadtbahn.

Eins der bedeutungsvollsten und größten Ingenieurbauwerke Europas, die berliner Stadtbahn, ist am 7. Februar dem öffentlichen Verkehr übergeben worden. Wir haben bereits in Nr. 1980 der „Illustrirten Zeitung" (Juni 1881) Mittheilungen über Anlage und Zweck des Unternehmens gebracht und geben deshalb heute folgende Ergänzungen.

Die Vorgeschichte der berliner Stadteisenbahn ist eine recht wechselvolle und versetzt uns in eine Zeit zurück, an deren Nachwehen Gemeinden und Private wol heute noch mit einigem Unbehagen denken. Die Stadtbahn verdankt ihre erste Anregung der deutschen Baugesellschaft, die ihre Projecte im September 1872 bei den betreffenden Behörden einreichte; der technische Beirath der Gesellschaft war der Geh. Baurath Hartwich, wobei allerdings constatirt werden muß, daß bereits 1871 von Baurath A. Orth eine Broschüre (Berlin, Ernst u. Korn) erschien, in welcher die Idee einer berliner Centralbahn schon im wesentlichen niedergelegt war. Die Genossenschaft, die sich 1873 aus der erwähnten Corporation, dem sich betheiligenden preußischen Staat, der Berlin-Potsdam-Magdeburger, Magdeburg-Halberstädter und Berlin-Hamburger Eisenbahn bildete, fand nach unendlichen Schwierigkeiten und unentwirrbar scheinenden Verwickelungen ihr Ende darin, daß der Fiscus, den bekanntlich Friedrich Wilhelm IV. einen Racker nannte, 1878 die Eisenbahngesellschaften gegen mäßige Opfer, die er ihnen auflegte, ausscheiden

Die Eröffnung der berliner Stadtbahn durch eine Umfahrt des Kaiserpaars am 6. Februar: Besichtigung des Bahnhofs Alexanderplatz.
Originalzeichnung von H. Lüders.

Am Bahnhof Alexanderplatz

Für die illustrierten Zeitungen des Jahres 1882 war die neuerbaute Berliner Stadtbahn ein attraktives Thema, und so besitzen wir eine Reihe von netten Holzstich-Abbildungen davon. Links die Situation am Bahnhof Alexanderplatz mit der Brücke der Königstraße, im Hintergrund das Berliner Rathaus von 1869. Aus dem Bahnhof dampft in östlicher Richtung ein Zug, dessen Wagen bei einigem guten Willen als die Doppelstockwagen von der Ringbahn angesprochen werden können. Man hatte sie beschafft, um mehr Passagiere befördern zu können, doch dauerte der Fahrgastwechsel an den Stationen damit zu lange, so daß die Verwaltung zum Bau der vieltürigen Abteilwagen überging. Dieser Bahnhof wurde von dem Architekten Jacobsthal entworfen. Unten ein Streckenplan aus „Berlin und seine Eisenbahnen", der einen Blick auf das Netz von 1882 erlaubt. Der typische „Hundekopf" der Ringbahnstrecke fällt sofort auf.

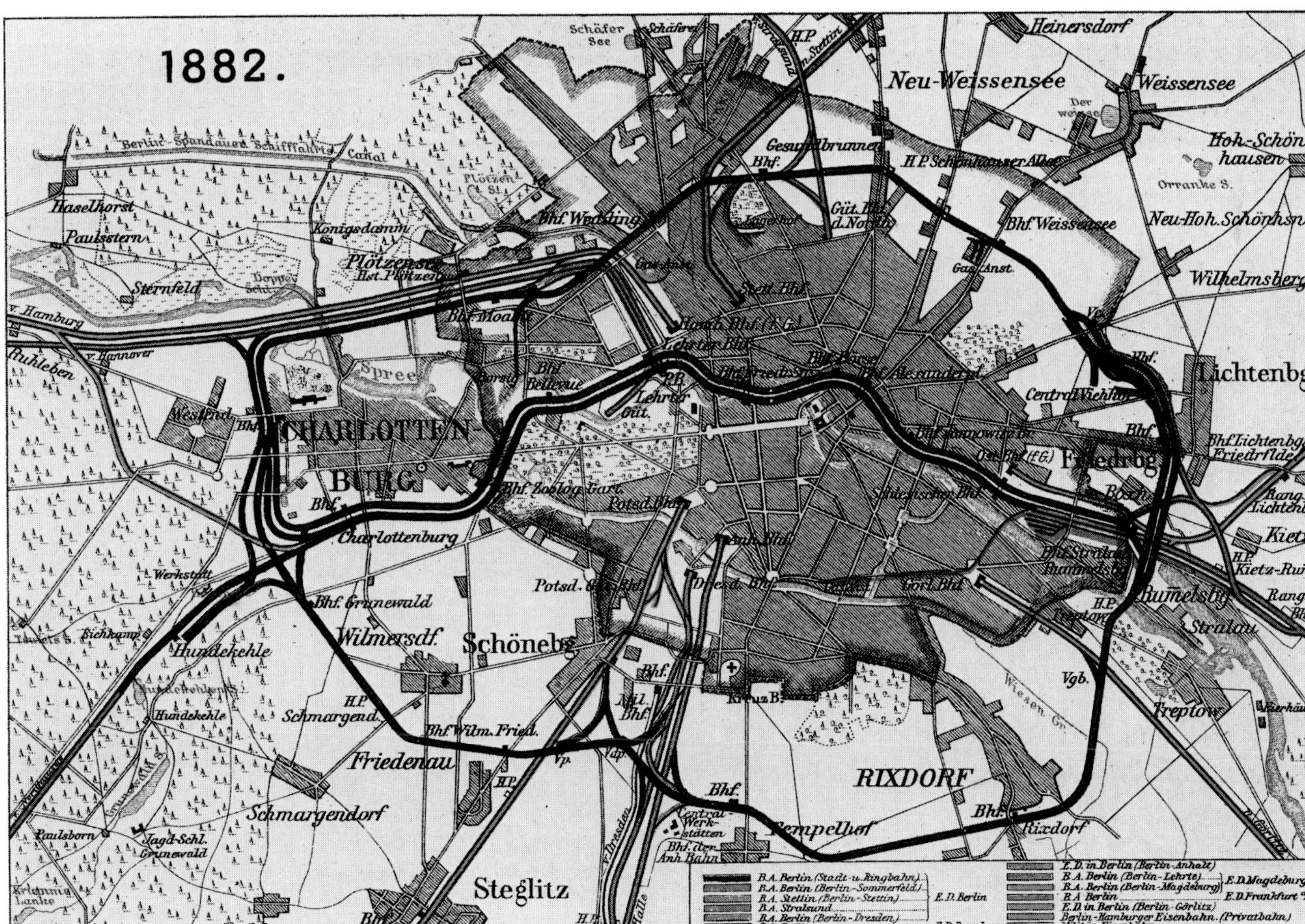

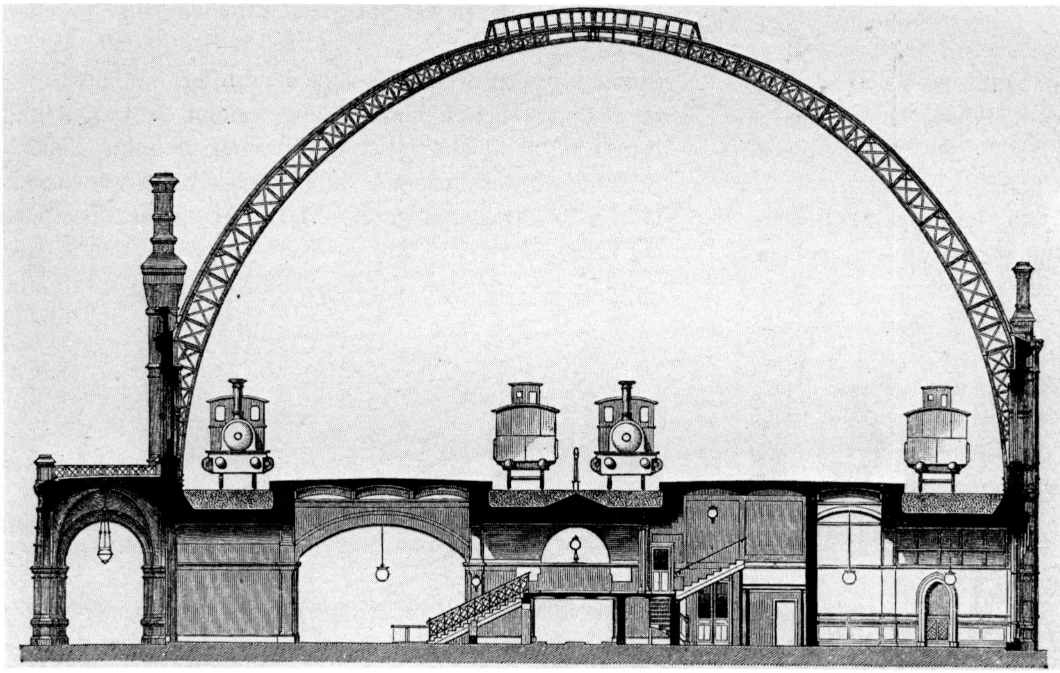

Eine Fahrt auf der Stadtbahn

Die Reisenden mit dem „Börsenblatt“ im Abteil 3. Klasse der Stadtbahn oder die Billetverkäuferin am Schalter der Stadtbahn sind ebenfalls illustrierten Zeitungen der achtziger Jahre des vergangenen Jahrhunderts entnommen: Neu waren nämlich die Begegnung der Schichten im Lokalzug und die weibliche Eisenbahnbedienstete damals noch.

Unten rechts Fahrkartenmuster aus einem Prunkalbum des Kaisers von 1882, das er bei seiner ersten Stadtbahnfahrt erhalten haben dürfte. Es ist später in das Verkehrs- und Baumuseum gelangt. Links ein Querschnitt durch den viergleisigen Bahnhof Friedrichstraße aus einem alten Lexikon, wo er als Beispiel für eine „hochliegende Zwischenstation mit Inselsteigen“ abgebildet war. Ungewöhnlich war die Anordnung aller Räume unter den Gleisen.

Bahnhof Friedrichstraße

Besonderen Reiz bezieht der Entwurf Johannes Vollmers zum alten Bahnhof Friedrichstraße aus der Anlage im Gleisbogen. Die Abbildung rechts ist einer Mappe von 46 Fotografien der „Berliner Stadt-Eisenbahn" entnommen, wie man die Strecke anfangs noch nannte. Durch verschiedenfarbige Ziegel und helle Sandsteinbänke ist die ohnehin reichgegliederte Fassade in diesem Bild von 1882 noch weiter belebt. Rauch und Ruß gaben dem Bau bald eine dunkle Patina und nagten am Wellblech der Dacheindeckung. Anläßlich der Eröffnung des „Externverkehrs" auf der Stadtbahn am 15. Mai 1882 ist der Holzstich unten erschienen, der eine Fülle von Berliner Typen vorführt: den Gepäckträger mit dem Schließkorb, das Kindermädchen mit der Hutschachtel, Landleute und Herrschaften hat der Zeichner Wittig hier versammelt.

BERLINER STADT-EISENBAHN

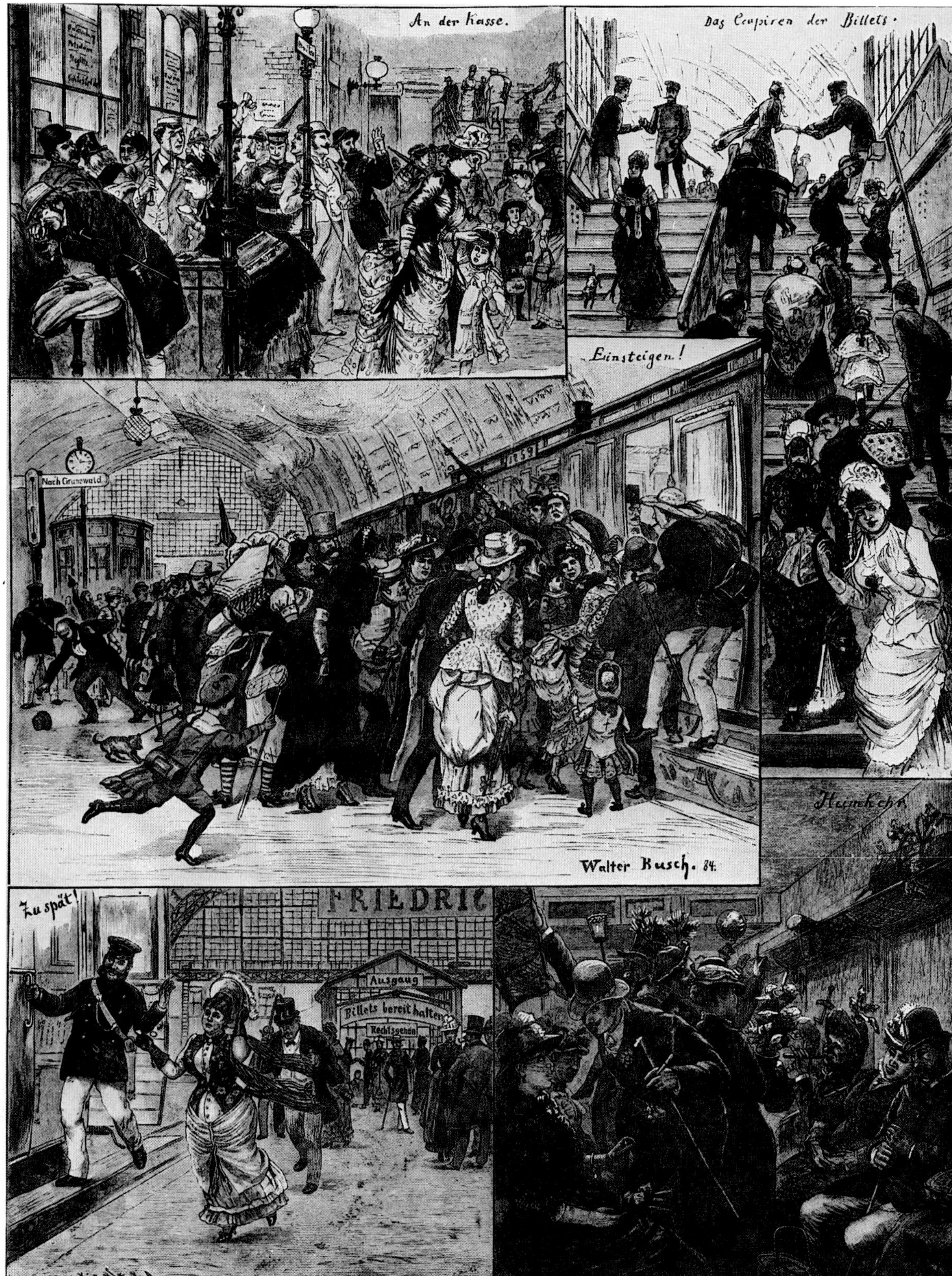
An der Kasse.
Das Coupiren der Billets.
Einsteigen!
Nach Grunewald
Heimkehr
Walter Busch. 84.
Zu spät!
FRIEDRIC
Ausgang
Billets bereit halten
Rechtsgehen

Berliner Tempo auf der Stadtbahn

In den ersten Betriebsjahren der Berliner Stadtbahn fuhren die Lokalzüge noch im Abstand von 20 Minuten, 1894 schon im 5-Minuten-Rhythmus. Mehr als zwei Millionen Menschen wohnten nun in der Stadt und nutzten die Eisenbahn für Fahrten zur Arbeit und zum Vergnügen. Der Bilderbogen links erschien 1884 in der jungen „Deutschen Illustrierten Zeitung" und zeigt immer wieder Massenszenen: An der Kasse, beim „Coupieren" der Billets, beim Einsteigen und bei der nächtlichen Heimkehr. Die typische Stadtbahnlokomotive der Anfangszeit ist im Bild unten nach einem Werkfoto von Schichau in Elbing dargestellt, die spätere preußische Gattung T 2. Von diesem Typ wurden 70 Stück in den Jahren 1881 und 1882 für die Niederschlesisch-Märkische Eisenbahn gebaut, die ja den Betrieb auf der Stadtbahn durchführte. Von den auffallenden Vollscheibenrädern berichtet Werner Hubert, daß sie »beim Überfahren von Schienenstößen und Gleisverbindungen ein glockenartiges Klingen hören ließen«.

Die Stadtbahnlokomotive T 2

Wie ein typischer Berliner Stadtbahnzug zur Jahrhundertwende daherkam, zeigen die Bilder dieser Doppelseite: rechts oben eine Lokomotive der Gattung T 2 auf dem 1896 eröffneten Bahnhof Savignyplatz, durch den das Wohngebiet zwischen Kurfürstendamm und Kantstraße in Charlottenburg bedient werden sollte. Vom Bau einer Halle sah die Bahnverwaltung ab und stellte hölzerne Bahnsteigdächer mit Gußeisenäulen auf, wie sie 1891 auf der Wannseebahn eingeführt worden waren. Dagegen zeigt der Bahnhof Bellevue, wie Alexanderplatz von Johann Eduard Jacobsthal, auf dem Postkartenbild rechts unten noch die alte Form von 1882. Bemerkenswert sind hier die zahlreichen Geschäfte in den Stadtbahnbögen. In den Jahren zwischen 1908 und 1910 verschwanden die T 2-Lokomotiven aus Berlin, weil ihre Leistung nicht mehr genügte. Ihre letzten Einsätze liefen vor Südringzügen, wie sie das Bild unten dokumentiert.

Grunewald

Butter-Gros-Handlung
Schuhwaren-Haus
HANSA
Gebrüder Lehmann Co
Butter
Butter

Fernverkehr vor der Jahrhundertwende

Auf dem Potsdamer Bahnhof von Berlin hat sich 1894 der Zeichner einer Illustrierten postiert, um die oben wiedergegebene Szene zu skizzieren. Gardesoldaten und Kadetten sind voller Wiedersehensfreude auf dem Weg in die Weihnachtsferien, und auch der obligate Dienstmann darf nicht fehlen. Rechts zwei alte Ansichtskarten; zunächst oben der Bahnhof und die Brücke an der Friedrichstraße mit einem abfahrbereiten Dampfzug in Richtung Osten. Darunter der Spandauer Bahnhof, den Friedrich Neuhaus um 1846 für die Berlin-Hamburger Bahn in schlicht klassizistischem Stil errichtet hat. Als 1906 auch hier die Gleise über das Straßenniveau angehoben wurden, verlor der Bau viel von seiner Wirkung.

FRIEDRICHS ASSE
Gruß aus Berlin.
Bahnhof Friedrichstrasse.
1890
J. Goldiner in Berlin. – 662
124 Leipziger Str. 124
W. KÖNIG'S Wagen Magazin

SPANDAU Bahnhof

Am Potsdamer Ringbahnhof

Mit einer enormen Geschwindigkeit wuchs der Verkehr auf der Berliner Stadt- und Ringbahn. 1884 hatte man dafür noch 18 kleinere Lokomotiven mit kleinerem Treibraddurchmesser von Henschel beschafft, wie sie das Werkfoto rechts oben auf der Schiebebühne in Kassel zeigt. Trotz ihrer abweichenden Achsanordnung wurden auch sie später in die Gattung T 2 eingeordnet, ehe sie Berlin 1909 verließen. Als stärkere Maschine wurde aber zwischen 1888 und 1890 schon die nachmalige Gattung T 4 (Bild rechts unten) in größerer Stückzahl gebaut, anschließend die Gattung $T\,4^1$ mit einigen Abänderungen. In der Aufnahme unten steht eine solche T 4-Maschine mit dem Zielschild „Wilmersdorf/Charlottenburg“ auf dem Potsdamer Ringbahnhof. Dieser war 1891 mit zwei Gleisen angelegt worden, um mit den Südringzügen eine Spitzkehre in das Herz der Stadt fahren zu können. 1901 wurde er um zwei Vorortgleise für die Lokalzüge von Lichterfelde Ost und Zossen erweitert, die aus dem überlasteten Anhalter Bahnhof herausgenommen werden sollten. Im Gegensatz zu den Ferngleisen der Potsdamer Bahn liegen die Gleise der Ringbahn auf gemauerten Viadukten.

1625

6455

Abreise vom Stettiner Bahnhof

Ähnlich wie bei den Bahnhöfen der Anhalter und der Potsdamer Bahn stand auch bei den Anlagen der Berlin-Stettiner Eisenbahn um 1870 eine vollständige Erneuerung auf dem Programm. Der zweite Stettiner Bahnhof in Berlin wurde nach Plänen von Theodor Stein erbaut und Ende 1876 eröffnet. Auf seiner Westseite hat man 1896 einen Vorortbahnhof errichtet, während auf der Ostseite drei kleinere Hallen für den Fernverkehr bis 1903 angebaut wurden. Die Ansichtskarte (oben) zeigt diesen Zustand. Rechts zwei der wunderbaren Glasplatten-Aufnahmen von Waldemar Titzenthaler (1869-1937), die 1898 im Ferientrubel am Stettiner Bahnhof entstanden sind: oben die Vorfahrt der Droschke mit Bettsack und Schließkorb vor der Reise an die Ostsee, darunter die Gepäckaufgabe mit Knaben im Matrosenanzug und einem verlassenen Reifen.

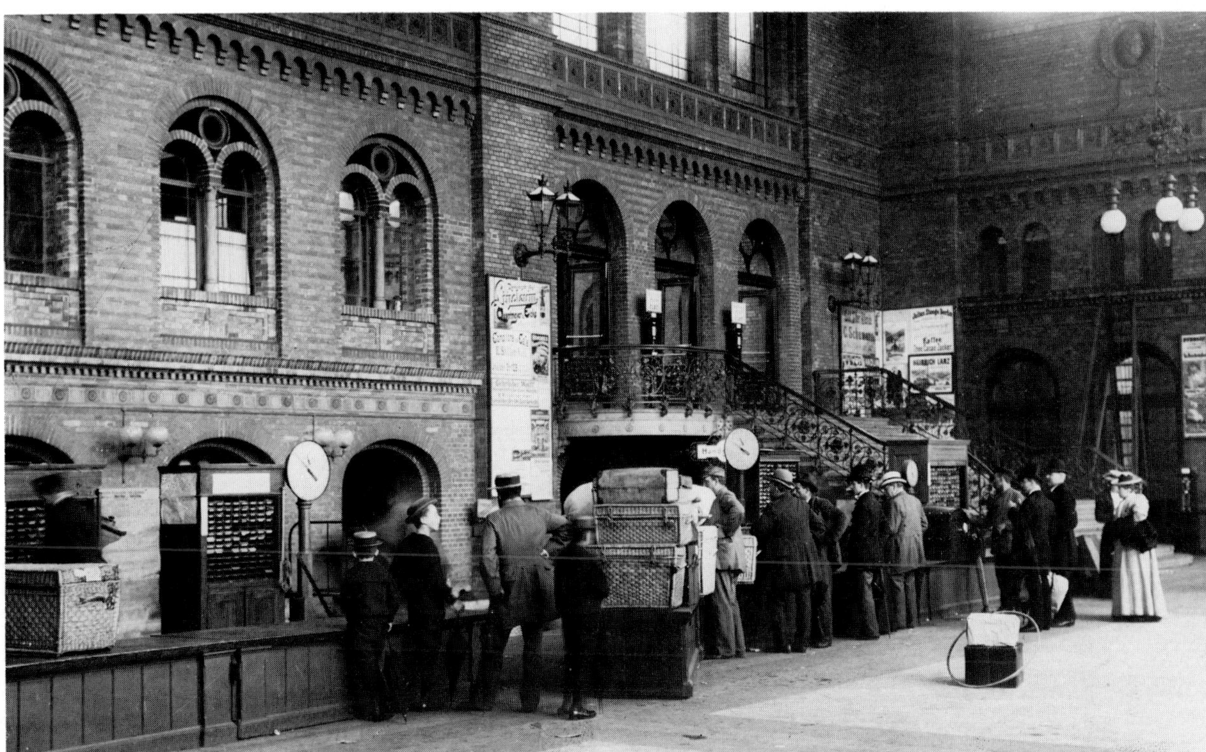

1552

1561

Stadtbahnlokomotiven der Jahrhundertwende

Als Weiterentwicklung der „Berliner Vorortlokomotive" der Gattung T 4 (Seite 52) kam 1890 die normalisierte T 4[1] heraus, dargestellt im Henschel-Werkfoto links oben. Sie wurde ursprünglich von der Eisenbahndirektion Magdeburg für die verlängerte Wannseebahn beschafft und 1895 der Berliner Direktion zugeteilt, als diese den gesamten Vorortverkehr übernahm. Kennzeichen sind der domlose Langkessel und die fest gelagerte Laufachse. Schon vor dem Ersten Weltkrieg wurden sie aus Berlin versetzt. Zwischen 1895 und 1901 wurde als stärkere Tenderlokomotive für den Berliner Nahverkehr sodann bei Henschel die Gattung T 5[1] gebaut und auch an andere Direktionen geliefert; das Bild links unten zeigt eine Stettiner Maschine. Das Speisewasser wurde in Behältern zwischen den Rahmenwangen mitgeführt. Da ihr fester Radstand zu kurz war, neigten sie bei höherem Tempo zum Schlingern. Unten eine Maschine dieses Typs vor zwölf kleinen Stadtbahnwagen in Berlin um 1905; etwa vierzig Stück waren vorhanden.

Zur Jahrhundertwende war das System der Berliner Stadt-, Ring- und Vorortbahnen eine gewaltige Transportmaschine der Reichshauptstadt mit ihren 2,7 Millionen Einwohnern geworden.

Läufe und Ziele der Züge wurden vielfältig auf Arbeit und Vergnügen der Berliner abgestimmt, um jedes Reisebedürfnis zu befriedigen. Ein neuer Zugzielanzeiger mußte jetzt schon mit 24 Schildern bestückt sein.

3. Kapitel

Das eiserne Skelett der Reichshauptstadt (1900–1918)

Die Zeit zwischen Jahrhundertwende und Weltkrieg stand für Berlins Eisenbahnwesen im Zeichen des energischen Ausbaus von Vorortbahnhöfen und eines erbitterten Kampfes zwischen Dampflokomotive und Elektrizität. Was 1879 unscheinbar auf der Berliner Gewerbeausstellung als kleine elektrische Grubenlok von Siemens begonnen hatte, war 1909 fast zu einer ernsthaften Bedrohung des kaiserlichen Vaterlandes geworden: die Elektrofirmen traten zum Kampf gegen die traditionellen Maschinenbauer an, und dies mitten in Berlin. Nur der Krieg schob diesen Strukturwandel im Nahverkehr wieder hinaus.

Ein schönes Beispiel für den Streit um die „Elektrisierung" liefert eine Zuschrift des Lokomotiv-Dezernenten Robert Garbe vom April 1913 an die „Deutsche Tageszeitung", der mit dem Motto „Ehe es zu spät ist" überschrieben war: „Die Elektrotechnik behauptete anfänglich, der Dampfbetrieb könne nicht mehr als 24 Züge – (von 13 Wagen, die, die Nutzlast eingeschlossen, aber ohne Lokomotive, 300 Tonnen wiegen) – in der Stunde befördern. Die von den Preußischen Lokomotiv-Fabriken gemeinschaftlich der Eisenbahn-Verwaltung kostenlos zur Verfügung gestellte 1 D 1-Heißdampf-Tenderlokomotive hat vor wenigen Wochen in einer Reihe von nächtlichen Versuchsfahrten, die das Königl. Eisenbahn-Zentralamt auf dem Stadt-Nordring ausführte, 40 bis 42 dieser bisher schwersten Züge von 400 t Gewicht in der Stunde anstandslos gefahren. Dies Ergebnis stellt eine Leistung dar, die der Elektrotechnik noch nirgends gelungen ist, das muß zunächst ausdrücklich festgestellt werden! Als zweite Tatsache ist hier anzuführen, daß diese Leistung das Maß der in einem geordneten, sicheren, praktischen Betriebe der Stadt- und Ringbahn überhaupt möglichen Leistung erheblich überschreitet, – und daß für die praktisch mögliche Höchstleistung eine bedeutend einfachere Heißdampf-Tenderlokomotive genügte als die nur zu Versuchszwecken erbaute 1 D 1-Lokomotive.

Diese kurzen Darlegungen, die ich als ein im praktischen Eisenbahndienst ergrauter Fachmann zu schreiben mich in letzter Stunde verpflichtet hielt, werden es jedem einsichtigen Leser möglich machen, zwischen haltlosen Annahmen und erwiesenen Tatsachen zu unterscheiden. Mein Gewissen zwingt mich ohne jede persönliche Rücksicht an alle Männer, die es angeht, die ernsteste Bitte zu richten, die bisherigen, noch ganz unreifen Pläne zur Elektrisierung der Stadt- und Ringbahnen zunächst in keiner Weise zu unterstützen, vielmehr die Ergebnisse ruhiger, planmäßiger Erwägungen und gründlicher Versuche abzuwarten, damit die mit Recht gerügte Haltlosigkeit der Zustände auf der Berliner Stadt- und Ringbahn in einer der gegenwärtigen Erkenntnis würdigen und der Allgemeinheit, selbst der deutschen Elektrotechnik, wirklich am besten dienenden Weise bald behoben werden kann."

Schlittschuh-Verkauf

Am Bahnhof Zoologischer Garten

Heute ist der Bahnhof Zoo der wichtigste Fernbahnhof im Westen Berlins, doch beim Betriebsbeginn der Stadtbahn 1882 befand sich hier nur eine Haltestelle des Lokalverkehrs für Besuche im Zoo. Schon 1884 wurde der Bahnhof von der Verwaltung aber mit einer zweiten Halle ausgerüstet und ab 15. Oktober 1884 im Fernverkehr benutzt. Die Titzenthaler-Fotografie links ist 1898 entstanden und zeigt den Bahnhof mit einem Südringzug, davor den Vergnügungspark „Westeisbahn“ mit Schlittschuhverkauf und Konditorei. Unten ein Bild der Stadtbahn an der Tiergartenschleuse nördlich des Bahnhofs Zoo um 1905. Über die Brücke dampft eine T 2-Lokomotive.

Motorwagen am Stettiner Bahnhof

Etwa ein Dutzend Jahre liegen zwischen den Aufnahmedaten der Bilder vom Stettiner Bahnhof rechts und den beiden Titzenthaler-Fotografien von Seite 55. Die Ferienreisenden anno 1910 konnten schon mit der Motordroschke vorfahren, um Körbe und Koffer zum Zug in die Sommerfrische zu transportieren. Rechts oben sehen wir im Hintergrund die Hotels an der Invalidenstraße und „Aschingers Schnellgaststätte", während rechts unten die Pickelhaube und der Säbel des Wachtmeisters auffallen. Die Ansichtskarte unten zeigt elektrische Straßenbahnen und Pferdeomnibusse in der Invalidenstraße; sie dürfte 1903 gedruckt worden sein.

Stettiner Bahnhof
ASCHINGER
HOTEL BALTIC
IA-7939

Rund um den Anhalter Bahnhof

Zwei lebendige Szenen am Anhalter Bahnhof sind hier gegenübergestellt: unten ein Winterbild vom Askanischen Platz 1902 mit Lampenputzer und Blumenfrau, rechts eine Morgenstimmung an der Möckernstraße 1908 mit Dienstmännern und Droschkenkutschern.

9055

Berlin
Anhalter Bahnhof

Gruss aus Berlin
Elektrische Hochbahn
Ueberbrückung an der Möckernbrücke
Kraftstation
27./4. 1902.
Otto u.
Kunstverlag J. Goldiner, Berlin

Gruß vom Anhalter Bahnhof

Die beiden Ansichtspostkarten der linken Seite sind 1902 in Berlin herausgekommen. Oben eine Gesamtansicht des Anhalter Fernbahnhofes von Schwechten, dessen Höhe im Vergleich zu dem alten Verwaltungsgebäude der Anhaltischen Bahn am Askanischen Platz im Hintergrund rechts besonders auffällt. Auf der linken Seite des Bahnhofes verläuft die Möckernstraße, von deren Brücke über den Landwehrkanal auch die Bildkarte links unten gesehen ist. Beim Versand im April 1902 war sie brandneu, denn der erste Hochbahnabschnitt zwischen Stralauer Tor und Potsdamer Platz war gerade am 18. Februar 1902 in Betrieb gegangen. Unter der Hochbahnbrücke dampft ein Güterzug vom Anhalter Bahnhof südwärts. Und schließlich sind die Häuser der Möckernstraße auch hinten in dem unten gezeigten Lokomotivbild zu erkennen, das eine Heißdampf-Schnellzuglokomotive der Gattung S 4 zeigt, die Borsig 1902 gebaut hat. Seit 1906 hieß sie „Halle 412“, weil diese Direktion den Fernverkehr am Anhalter Bahnhof besorgte.

Fahrpreis-Anzeiger.
Droschke I. Klasse.
849
0,10 Mk.
A. Blank, Schönebg. Hauptstr. 31
Beschwerden sind beim Commissar für das öffentl. Fuhrwesen anzubringen, werden aber auch in jedem Polizei-Bureau entgegengenommen.
Königl. Polizei-Präsidium

Droschke II. Klasse
6280
40 Pf
Puhlmann Weissensee Kölkestr 126c
Beschwerden sind beim Commissar für das
Königl. Polizei-Präsidium

Fahrpreis-Anzeiger
Droschke I. Klasse.
1882
Mark.
A. Sello, Lynarstr. 1
Beschwerden sind beim Commissar für das öffentl. Fahrwesen anzubringen, werden aber auch in jedem Polizei-Bureau entgegengenommen.
Königl. Polizei-Präsidium.

Pferdedroschken am Potsdamer Bahnhof

Auf den Platz vor dem Potsdamer Bahnhof führt uns das 1896 entstandene Bild unten. Der Pferdeomnibus nach Treptow, die Gleise der Pferdebahn im Pflaster und die zahlreichen Droschken illustrieren die letzte Blüte des „Hafermotors" um die Jahrhundertwende. Drei Fahrgeldquittungen für Droschken sind links zu sehen. Darunter ein Blick in die Halle des Potsdamer Fernbahnhofs um 1910, der die begrenzte Leistungsfähigkeit dieser Anlage mit ihren vier Bahnsteiggleisen klar erkennen läßt.

Am Gleisdreieck der Hochbahn

Als Motiv für Ansichtskarten war die Berliner Hoch- und Untergrundbahn sehr beliebt, denn diese Attraktion konnten nur wenige Städte der Welt bieten. Unten ein Blick in südlicher Richtung auf den Zustand um 1907. Rechts im Bild die Abstellanlagen des Potsdamer Bahnhofs, hinter dem elektrischen Zug die Eisenbahntrasse zum Potsdamer Ringbahnhof, in Bildmitte ein Wagenschuppen und das Stellwerk der Hochbahn. Die drei Streckenäste führen links zur Warschauer Brücke, rechts vorn zum Potsdamer Platz und rechts hinten zur Bülowstraße. Nach einem Unfall mit Flankenfahrt am 26. September 1908 wurde das Gleisdreieck bis 1912 als Umsteigebahnhof eingerichtet. Die Routen der Hochbahn zeigt auch die Karte rechts aus der „Eisenbahntechnischen Zeitschrift" von 1906. Ihre Hauptsache ist aber das Projekt zu einem „Süd-West-Centralbahnhof für Berlin", der an die Stelle von Potsdamer und Anhalter Bahnhof treten sollte. Die Wannseebahn sollte unter dem Pflaster bis zum Lehrter und Stettiner Bahnhof geführt und elektrisch betrieben werden. Eine Fülle ähnlicher Pläne ist in dem Bauwettbewerb „Groß-Berlin" 1910 aufgestellt worden und hat später den Bau der Nordsüd-S-Bahn angeregt. Schon 1906 hieß es: „Der Anhalter Personenbahnhof selbst kann seiner architektonischen Schönheit wegen erhalten bleiben und zu geeigneten Zwecken als Ausstellungsgebäude, Musikhalle usw. Verwendung finden".

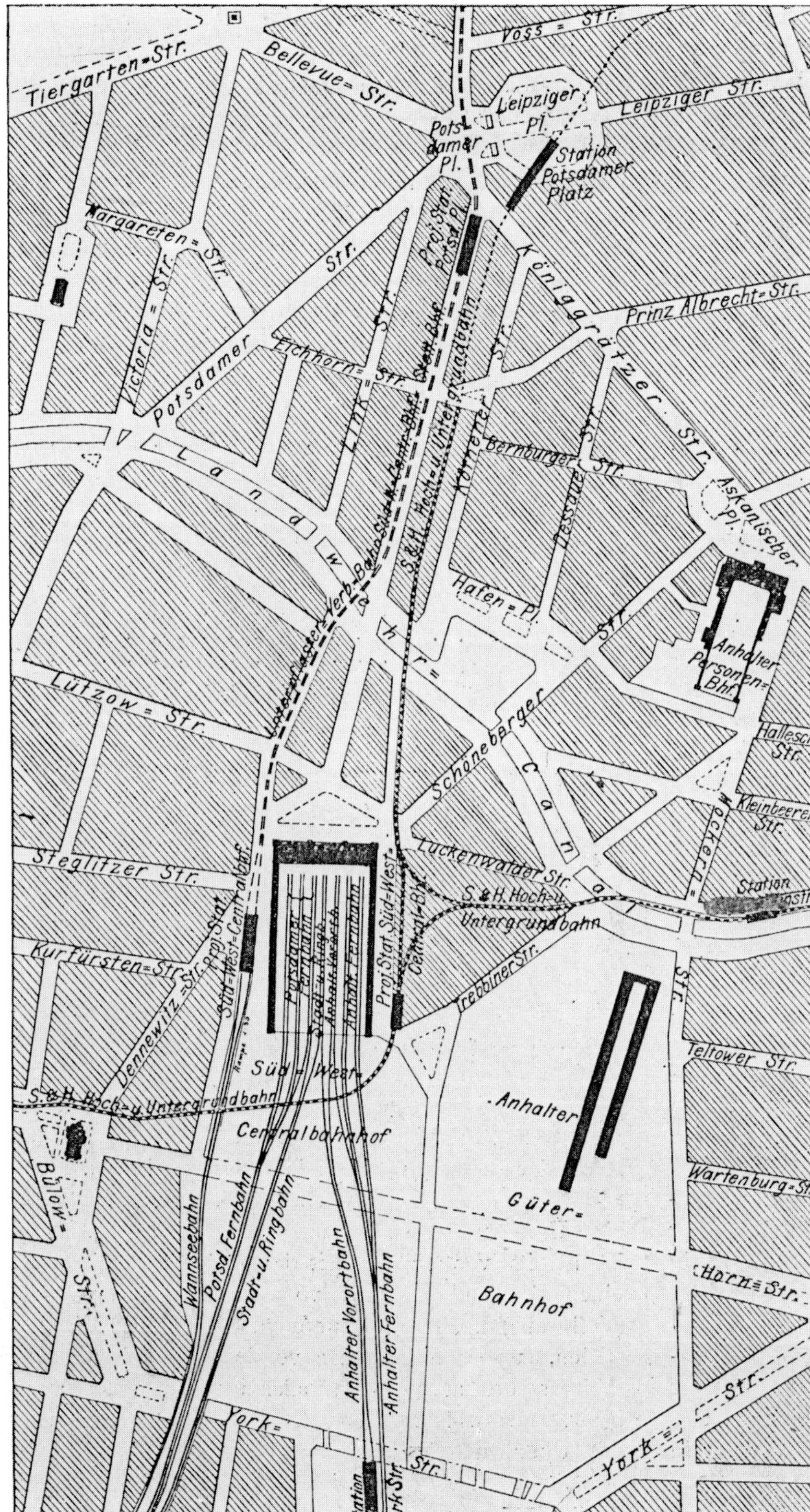
Tiergarten-Str.
Bellevue-Str.
Voss-Str.
Leipziger Pl.
Leipziger Str.
Potsdamer Pl.
Station Potsdamer Platz
Margareten-Str.
Victoria-Str.
Potsdamer Str.
Eichhorn-Str.
Link-Str.
Proj. Stat. Potsd. Pl.
Königgrätzer Str.
Prinz Albrecht-Str.
Köthener Str.
Bernburger Str.
Dessauer Str.
Askanischer Pl.
Landwehr
S.&H. Hoch-u. Untergrundbahn
Hafen-Pl.
Anhalter Personen-Bhf.
Lützow-Str.
Schöneberger Str.
Hallesche Str.
Kleinbeeren-Str.
Möckern-Str.
Canal
Steglitzer Str.
Luckenwalder Str.
Station
Kurfürsten-Str.
Dennewitz-Str.
Trebbiner Str.
Teltower Str.
Süd-West-Centralbahnhof
Anhalter Güter-Bahnhof
Wartenburg-Str.
Bülow-Str.
Wannseebahn
Potsd. Fernbahn
Stadt-u. Ringbahn
Anhalter Vorortbahn
Anhalter Fernbahn
Horn-Str.
York-Str.
Station York Str.

Elektrisch über die Wannseebahn

Im Jahre 1874 wurde die ältere Wannseebahn von Zehlendorf über Nikolassee und Wannsee nach Neubabelsberg zur Erschließung des Terrains nördlich der Stammbahn nach Potsdam eröffnet. Das 1891 fertiggestellte zweite Gleispaar zwischen Zehlendorf und dem neuen „Wannseebahnhof" an der Westseite des Potsdamer Bahnhofs bildete die „neue Wannseebahn", die sich gemeinsam mit dem ersten Abschnitt zu einer der wichtigsten Vorortbahnen Berlins entwickelte. Der Bahnhof Großgörschenstraße ist damals anstelle der eingegangenen älteren Station Schöneberg angelegt worden (Bild rechts unten). Für einen elektrischen Versuchsbetrieb von Siemens & Halske eignete sich die Wannseebahn gut, weil bei Störungen notfalls die Stammbahn benutzt werden konnte. So lief von Juli 1900 bis Juli 1902 ein Zug aus 10 Abteilwagen, davon zwei als Triebwagen mit drei Motoren für 550 bis 750 Volt Gleichstrom, zwischen dem Wannseebahnhof und Zehlendorf (Bild rechts oben). Über die Lokgattung T 5^2 für die Wannseebahn (unten) berichtet die nächste Seite.

2482
2482

Berlin-Schöneberg
Am Bahnhof Gross-Görschen-Strasse

Ein Schnelläufer für die Wannseebahn

Zum Einsatz vor den durchlaufenden Vorortzügen Berlin – Potsdam – Werder, die teilweise bis Neubabelsberg mit 75 bis 80 km/h flott und ohne Halt durchfahren sollten, beschaffte die Staatsbahn in den Jahren 1899 und 1900 die Tenderloks der Gattung T 5^2 von Grafenstaden und Henschel. Das vorlaufende Drehgestell, ein leistungsfähiger Kessel und große Wasservorräte unterschieden diesen Typ (Bild Seite 72 unten) von der Gattung T 5^1 mit dem unruhigen Lauf. Die Bilder dieser Doppelseite zeigen unten ein Unglück mit einer solchen Wannseebahn-Maschine am 2. September 1900 auf Bahnhof Zehlendorf, rechts oben den Blick von der Feuerbachbrücke in Steglitz auf Wannseebahn, Potsdamer Bahn und das Gütergleis mit einem langen Zug der Wannseebahn nochmals hinter einer T 5^2 um 1901, rechts unten schließlich den zweiten Bahnhof Wannsee der Berlin-Potsdamer Eisenbahn nach der Fertigstellung zur Jahrhundertwende. Seit 1878 hatte in Wannsee der „Kaiserpavillon“ von der Wiener Weltausstellung als Station gedient, der nun anderen Zwecken zugeführt und vor dem Ersten Weltkrieg abgebrochen wurde.

Bahnhof
Gruss aus Nikolassee
Nikolassee

Neue Bahnhöfe an der Wannseebahn

Nachdem die Staatsbahn 1891 mit dem Bau der neuen Wannseebahn und mit besonderen Tarifen dem Vorortverkehr Berlins besonderen Auftrieb gegeben hatte, wuchs die Siedlungstätigkeit im Südwesten der Stadt kräftig an. Am 1. Mai 1902 wurde der auf Kosten einer Terraingesellschaft erbaute Bahnhof Nikolassee in Betrieb genommen. Die beiden Aufnahmen links zeigen ihn im Bau (1901) und nach Fertigstellung (1905). Der Bahnhof Beerenstraße (Bild unten) wurde am 1. November 1904 eröffnet und bald in Zehlendorf-West umbenannt. Architekten des Jugendstil-Bauwerks waren Hart und Lesser. Seit den fünfziger Jahren hieß diese Station „Lindenthaler Allee", seit Frühjahr 1987 nun „Mexikoplatz".

Die elektrische Staatseisenbahn

Nach den Versuchen mit elektrischen Triebwagen auf der Wannseebahn unternahm die Union-Elektricitäts-Gesellschaft 1903 einen neuen Anlauf. Auf der Ende 1901 fertiggestellten Vorortbahn vom Potsdamer Ringbahnhof nach Groß Lichterfelde-Ost fuhren ihre vierachsigen Gleichstromwagen mit 550 Volt Spannung so gut, daß insgesamt 30 Fahrzeuge gebaut wurden und bis 1929 im Einsatz geblieben sind. Unten ein typischer Dreiwagenzug, darunter die Linienführung entlang der Anhalter Bahn, während rechts zwei Bahnhöfe dieser Strecke auf Bildpostkarten zu sehen sind: das Empfangsgebäude Papestraße diente seit 1901 zugleich für die Ringbahn, während Lankwitz als Station erst 1895 eingerichtet worden und bald darauf mit diesem Jahrhundertwende-Bau versehen worden ist. Auf dem Damm ist schwach ein elektrischer Zug erkennbar.

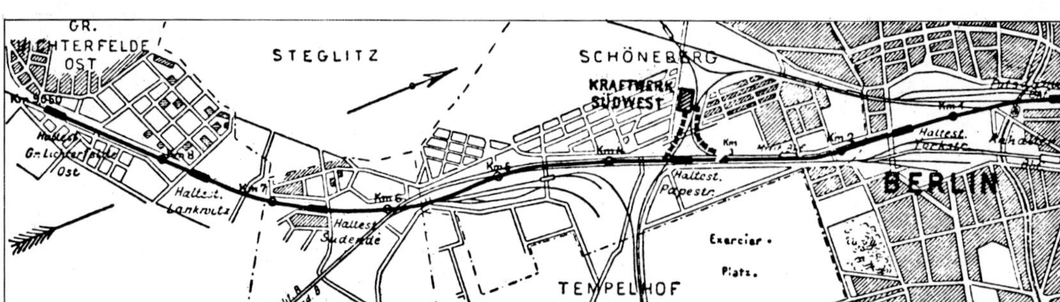

Lageplan der elektrischen Staatseisenbahn Berlin-Grosslichterfelde Ost

Gruss aus Berlin
Ringbahnhof Papestrasse
Schöneberg 1 bei Berlin.
General-Pape-Strasse, den 31. DEZ. 1902.
Kunstverlag J. Goldiner, Berlin

76 Berlin=Lankwitz
Bahnhof in der Kaulbachstraße

Kunstverlag J. Goldiner, Berlin.
Bahnhof.
Gruss aus Niederschöneweide-Johannesthal

Vorortzug nach Grünau.
Görlitzer Bhf.
Niederschöneweide Johannisthal.
Gruss aus Niederschöneweide-Johannisthal
Bahnhof

Ein Wechselstrom-Versuchszug in Berlin

Neue Erfindungen und wechselnde Versuche zur Erprobung des elektrischen Bahnbetriebs waren nach der Jahrhundertwende an der Tagesordnung. Die Firma Union baute 1903 mit Kommutatormotoren nach System Winter-Eichberg zwei schwere Triebwagen für Einphasen-Wechselstrom und Oberleitungsversorgung. Sie durfte diesen Zug auf der 4,1 km langen Bahnstrecke von Niederschöneweide nach Spindlersfeld erproben, zwischen 1904 und 1906 sogar mit Fahrgästen. Das Werkfoto oben zeigt diesen Versuchszug, während die Ansichtskarte links oben den Ausgangsbahnhof an der Görlitzer Bahn um diese Zeit vorführt. Die Zweigbahn nach Spindlersfeld ist am 1. April 1892 eröffnet worden; eigene Vorortgleise hat die Staatsbahn in Niederschöneweide 1906 angelegt. Damit kamen auch die Bahnsteigdächer, Warteräume und Zugrichtungsanzeiger auf den erhöhten Bahnsteig, wie ihn die Postkarte von 1908 links unten zeigt.

A
St.E.S.
AEG
K 36535

Schnellfahrten auf der Militärbahn

Ein besonderes Spektakel bildeten die Versuche mit elektrischen Drehstrom-Versuchstriebwagen von Siemens und der „Studiengesellschaft für Elektrische Schnellbahnen“ auf dem Abschnitt der Königlichen Militäreisenbahn zwischen Marienfelde und Zossen. 1903 erreichten sie 206 und 210 km/h Höchstgeschwindigkeit. Im Bild links unten der AEG-Wagen mit seinen auffallenden Stromabnehmern für die dreiphasige Oberleitung, darüber der Militärbahnhof Schöneberg (1874 gebaut, 1890 erweitert) mit der bescheidenen Personenzuglokomotive Nr. 12 von Borsig. Wegen des Buckels für den Verbinder zwischen den beiden Zylindern der zweistufigen Dampfmaschine wurde diese Lokgattung P 3 gern als „Kamel“ bezeichnet. Auch eine elektrische Drehstromlokomotive wurde von Siemens damals ins Rennen geschickt, nach dem Ende der Versuche zur Verwertung aber zerschnitten: ein halbes Fahrwerk ist noch heute bei der Güterbahn des Unternehmens als Lok 3 im Einsatz (Bild unten), während die andere Hälfte zur Lokalbahn in Murnau gelangte.

6683

Der Heißdampf kommt auf die Stadtbahn

Seit der Jahrhundertwende setzte sich der Heißdampf im Lokomotivbau durch. Bei diesem System wird der Dampf nach dem Verlassen des Kessels in besonderen Röhren weiter erhitzt, so daß er gasähnliche Eigenschaften annimmt und nur noch schwer an den Zylinderwänden sich niederschlägt – so werden Kohle und Wasser gespart. In Preußen setzte Robert Garbe als Lokomotiv-Dezernent dieses Verfahren von Wilhelm Schmidt aus Kassel durch. In Berlin kamen die ersten Heißdampf-Tenderlokomotiven der Welt in Form von zwei Lokomotiven der Gattung T 5^2 h zum Einsatz (Bild oben links). Man erkennt ihre dicke Rauchkammer zur Aufnahme des Überhitzers. Die oben gezeigte Gattung T 6 ist nur in 10 Exemplaren 1902 probeweise für Berlin beschafft worden und bewährte sich mit ihren drei großen Zylindern, wie sie Baurat Wittfeld vorgeschlagen hatte, nicht sonderlich. Sie wurden in den Rangierdienst weitergegeben und fuhren nach 1907 nur noch aushilfsweise die „Rennzüge" nach Karlshorst oder Strausberg im Personenverkehr. Und weil sich die Versuche mit der links unten abgebildeten Güterzug-Tenderlok T 8 gut angelassen hatten, fuhren 23 Stück dieser Gattung ab 1907 auch auf der Berliner Stadtbahn. Hier war ihr Lauf aber so unruhig, daß man sie als „Knochenschüttler" und „Schaukelpferde" nach wenigen Jahren an auswärtige Direktionen weitergab. Daher sind Aufnahmen wie dieses Motiv vom Bahnhof Zoo um 1912 sehr selten.

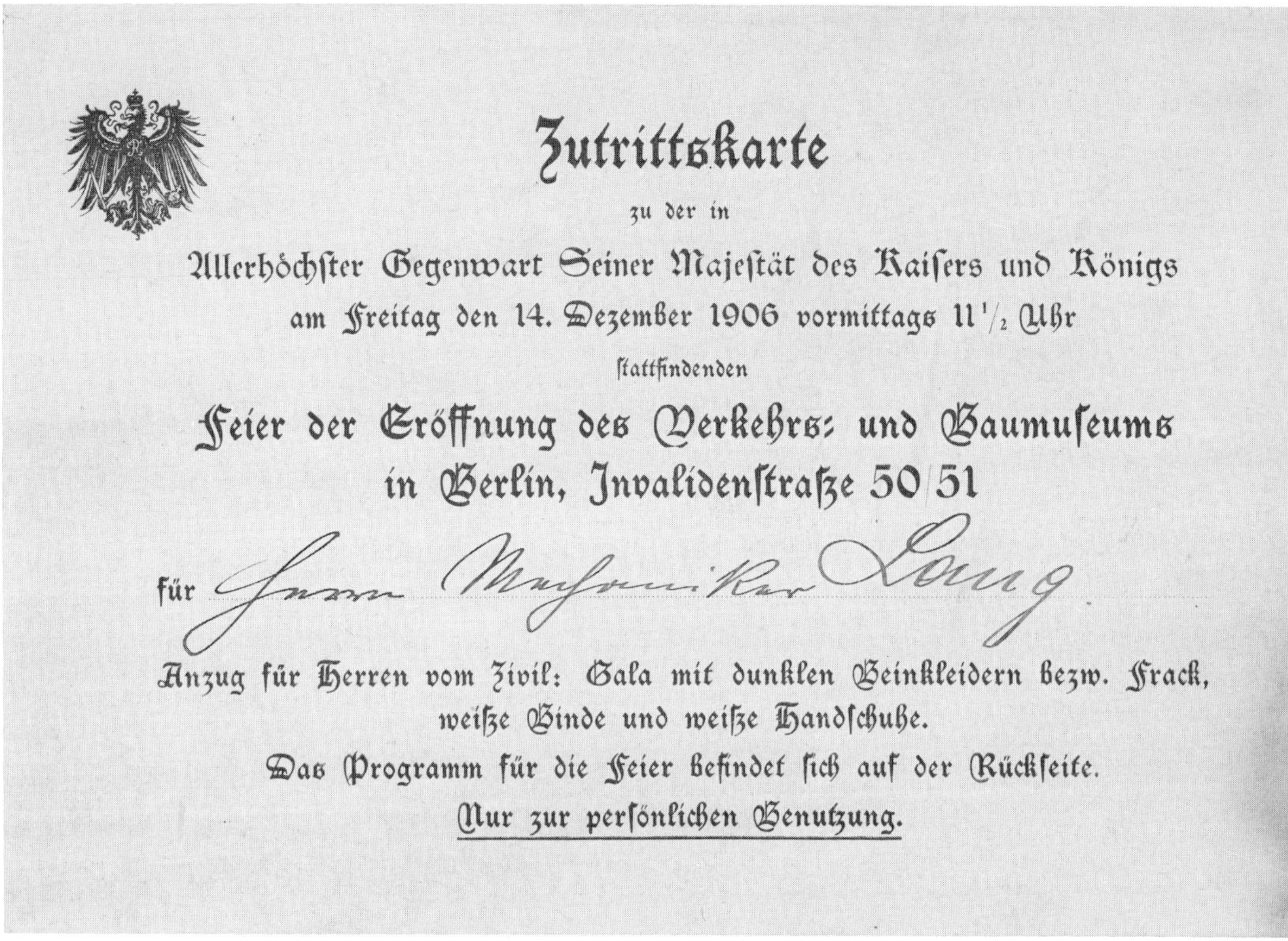
Zutrittskarte

zu der in

Allerhöchster Gegenwart Seiner Majestät des Kaisers und Königs

am Freitag den 14. Dezember 1906 vormittags 11½ Uhr

stattfindenden

Feier der Eröffnung des Verkehrs- und Baumuseums

in Berlin, Invalidenstraße 50/51

für Herrn Mechaniker Lang.

Anzug für Herren vom Zivil: Gala mit dunklen Beinkleidern bezw. Frack, weiße Binde und weiße Handschuhe.

Das Programm für die Feier befindet sich auf der Rückseite.

Nur zur persönlichen Benutzung.

Das Königliche Verkehrs- und Baumuseum

Im vormaligen Hamburger Bahnhof, dessen Aufgaben nach der Verstaatlichung der Bahn seit dem 15. Oktober 1884 auf den Lehrter Bahnhof übergegangen waren, ist nach der Jahrhundertwende das erste Berliner Verkehrsmuseum eingerichtet worden. Dazu mußte der Bau, der seit fast zwanzig Jahren mit Büros und Wohnungen belegt war, umgebaut und mit einer neuen Halle versehen werden, denn die alte Bahnsteighalle war längst verschrottet. Zur feierlichen Eröffnung am 14. Dezember 1906 lud die oben abgebildete Karte ein. Die Bilder rechts zeigen die Vorfahrt des Kaisers Wilhelm II. am Eröffnungstag: oben die Begrüßung durch Staatsminister von Breitenbach, unten die Abfahrt im Mercedes-Automobil bei Vivat-Rufen des Publikums.

In der Museumshalle

Den Neubau der Halle hat 1905 die Maschinenfabrik Augsburg–Nürnberg ausgeführt. Sie mißt 71 m in der Länge und 29 m in der Breite. Die fünf riesigen Leuchter, der Obelisk-Bogen in der Hallenmitte und die langen Reihen der Vitrinen bestimmten fortan im Verkehrs- und Baumuseum an der Invalidenstraße das Bild. Hauptzweck des Hauses war die Ausbildung junger Eisenbahner, so daß mehr moderne als alte Ausstellungsstücke vorhanden waren. Das Bild oben zeigt die Halle im Jahre 1908, während rechts sechs typische Postkarten der Zeit vor dem Ersten Weltkrieg zu sehen sind. Sie präsentieren Teile der berühmten Modellsammlung im Maßstab 1:5, von denen viele jetzt im Museum für Verkehr und Technik betrachtet werden können.

Lokomotive „Der Adler“, 1835

3/5 gekuppelte Heißdampfschnellzuglokomotive mit Rauchröhrenüberhitzer.

Lokomotive „Rocket“, 1829

2 geschossiger Personenwagen

Heißdampf-Schnellzuglokomotive 2-B-O 1907

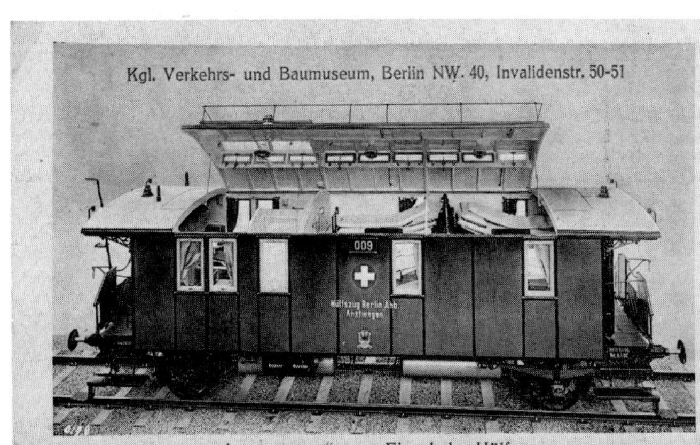

„Aerztewagen“ zum Eisenbahn-Hülfszug

1 C-Personenzugtenderlokomotive der Preuss. Staatsbahn, Serie T 11, gebaut von Union in Königsberg 1905.

1 C-Heißdampf-Tenderlokomotive Gattung T 12 der Preußischen Staatsbahn mit Speisewasservorwärmer, K. E. D. Berlin
gebaut von A. Borsig, Tegel 1913

Berlins beste Stadtbahnlokomotive

Die Tenderlokomotive T 6, von der auf Seite 85 die Rede gewesen ist, war im Rahmen von Vergleichsfahrten 1902 bei Schwartzkopff gebaut worden. An den Versuchen nahmen damals außerdem Probeloks der Gattungen T 11 und T 12 aus der Union-Gießerei in Königsberg teil. In Gesamtaufbau, Achsanordnung und Laufeigenschaften sind sie sehr ähnlich, denn die ersten T 12 hat man sich als eine T 11 mit dem Rauchkammerüberhitzer zu denken. 1905 überarbeitete die Firma Borsig den Entwurf der T 12 und gab ihr größere Zylinder, ab 1907 auch den Rauchrohrüberhitzer. Damit war die sparsame Heißdampflok endgültig betriebstauglich, und die Beschaffung der Gattung T 11 wurde 1910 nach 471 Stück eingestellt. Links zwei der berühmten Leonhardt-Postkarten aus Dresden mit der T 11 von 1905 (oben) und der T 12 mit Speisewasservorwärmer von 1913 (unten), während im Bild oben eine der ersten T 12-Maschinen von 1902 im Bahnhof Zoo um 1912 zu sehen ist. Bis 1916 wurden allein der Direktion Berlin etwa fünfhundert Stück T 12 zugeteilt; 1924 besaß die Reichsbahn insgesamt fast tausend Exemplare davon.

Fern-Bahnsteig (A)
Charlottenburg

Am Bahnhof Charlottenburg

Eine sehr sonderbare Anlage hat beim Bau der Stadtbahn 1882 die Station Charlottenburg erhalten: vier breite Bahnsteige für die einmündenden Linien aus Magdeburg, Blankenheim, Lehrte und Hamburg sowie Stadt- und Ringbahn, dazu aber ein ländlicher Fachwerkbau als Empfangsgebäude. Die Ansichtskarte unten läßt uns über den Stuttgarter Platz auf den provisorisch anmutenden Bahnhof mit seinem Wasserturm blicken, wie er 1905 dastand. Schon zehn Jahre zuvor ist die Aufnahme oben links entstanden, die eine Schnellzuglok S 3 in Charlottenburg zeigt. 1072 Maschinen dieses Typs besaßen die Preußischen Staatsbahnen für den Dienst vor ihren D-Zügen im norddeutschen Flachland. Darunter die 1911 gebaute Schnellzuglok-Gattung S 10 auf dem gleichen Bahnhof, der inzwischen ebenfalls Bahnsteigdächer der Wannseebahn-Bauart erhalten hat. Drei Kuppelachsen, vier Zylinder und der hohe Kessel heben sie deutlich von der S 3 ab; 200 Einheiten S 10 wurden gebaut.

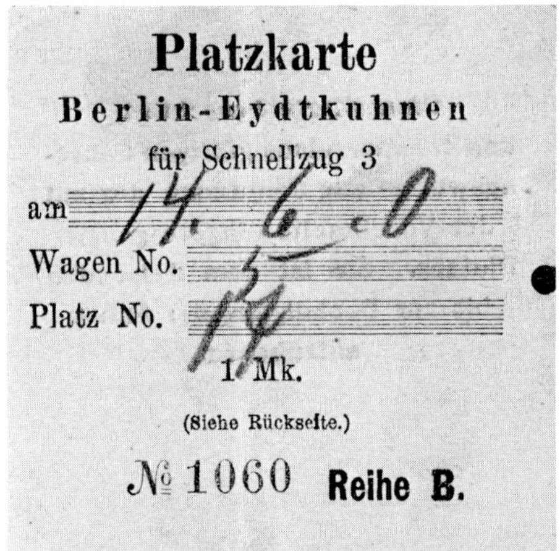

Platzkarte
Berlin-Eydtkuhnen
für Schnellzug 3
am 14. 6. 0
Wagen No. 5
Platz No. 14
1 Mk.
(Siehe Rückseite.)
№ 1060 **Reihe B.**

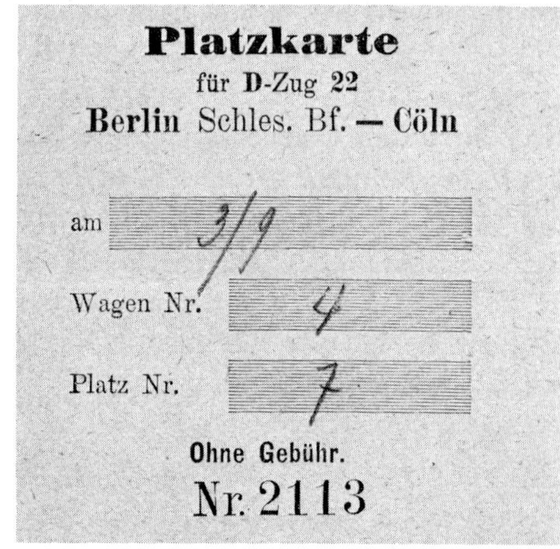

Platzkarte
für D-Zug 22
Berlin Schles. Bf. — **Cöln**
am 3/9
Wagen Nr. 4
Platz Nr. 7
Ohne Gebühr.
Nr. 2113

Berlin zwischen Cöln und Eydtkuhnen

Die beiden Platzkarten links oben wurden zur Jahrhundertwende an Bahnhöfen der Berliner Stadtbahn ausgegeben und erinnern an das riesige Streckennetz der Preußischen Staatsbahnen wie an die verlockend fernen Namen auf den Zuglaufschildern. Darunter ist ein Schnellzug in Richtung Hannover und Köln zu sehen, den zwei Lokomotiven der Gattung S 7 aus dem Bahnhof Zoologischer Garten westwärts ziehen. Im Hintergrund steht der 1907 vollendete Neubau des Oberverwaltungsgerichts, wo das Bild der Seite 60 noch eine Schlittschuhbahn gezeigt hatte. Auf der Hardenbergstraße erkennt man zwei Treppen zur Untergrundbahn und einen „Maximum"-Straßenbahnwagen. Das Bild dürfte 1912 entstanden sein. Unten ein seltener Blick in das Bahnbetriebswerk Gesundbrunnen mit drei Schnellzugloks der Gattung S 3, aufgenommen von dem Eisenbahnfotografen Dr. Feißel anno 1906. Die „Millionenbrücke" und die Mietskasernen im Hintergrund zeigen, daß wir uns in Berlin befinden. Die beiden Gleispaare rechts dienen dem Fern- und dem Vorortverkehr der Stettiner Bahn.

Bahnhof Friedrichstraße um 1900

Nur schwer läßt sich in einem Buch darstellen, wie selbstverständlich und klaglos die Berliner Stadtbahn jeden Tag und Jahr für Jahr viele Millionen Fahrgäste beförderte. Zur Fabrik und ins Büro, zu Einkäufen in die Stadt und zu Ausflügen „ins Grüne" war sie ein Mittel auf vielen Wegen. Als die Zugfolge dichter wurde, gab es Probleme mit der Signalisierung und den Bremsen, wie die „Original-Moment-Aufnahme" vom 2. Mai 1903 zeigt. Ein typisches Bild der paarweise kurzgekuppelten Stadtbahnwagen über der Spreebrücke am Bahnhof Friedrichstraße steht darunter. Die Seite 97 läßt uns mit Waldemar Titzenthaler um 1898 auf die Ostseite dieser Station blicken. Im Hintergrund das „Elite-Hotel" am Spreeufer, rechts eine Reklame für die Gaststätte „Zum Franziskaner" im Stadtbahnbogen, einem beliebten Treffpunkt der auswärtigen Stadtbesucher.

nciskaner

Berlin
Bahnhof Friedrichstraße
CIGARREN

Friedrichstraße und Alexanderplatz

Jeder dieser beiden Bahnhöfe im Stadtzentrum Berlins hatte seinen eigenen Ruf: während bei der Friedrichstraße noch die Gedanken um teure Geschäfte kreisten, lag beim „Alex" die deftige Großmarkthalle nicht fern. Die Ansichtskarte links oben zeigt die Friedrichstraßen-Brücke mit einer windschnittigen Schnellzuglok S 6, deren Sicherheitsventil vor der Abfahrt nach Osten bereits kräftig abbläst, weil der Heizer für den bevorstehenden Langlauf einige Kohlen aufgelegt hat. Diese Heißdampflok wurde ab 1906 in Dienst gestellt, und damals ist auch die Aufnahme des Bahnhofs Alexanderplatz im Bild links unten entstanden. Sie zeigt den Schmuck der Hallenstirnwand und seitlich das pompöse Portal zur Dircksenstraße, die ihren Namen nach dem Erbauer der Stadtbahn erhalten hat. Unten ein Blick über den Alexanderplatz und die Königstraße um 1906, im Hintergrund wieder das „Rote Rathaus" Berlins. Allein die Reklamen rund um das Denkmal der „Berolina" sind ein längeres Studium wert.

Jannowitzbrücke und Schlesischer Bahnhof

Einen Blick auf die beiden Bahnhöfe der Stadtbahn im Osten Berlins erlauben die rechts wiedergegebenen Ansichtskarten: oben die Jannowitzbrücke mit der gleichnamigen, in der Spree gegründeten Station um 1910, während sie ein Fernpersonenzug in Richtung Frankfurt an der Oder durchfährt. Darunter die Westseite des Schlesischen Bahnhofs im Jahre 1900. Links die Halle für den Lokalverkehr von 1882, rechts die alte Station der Niederschlesisch-Märkischen Bahn von Seite 25. Mit dem Bau der Stadtbahn wurde sie zum Durchgangsbahnhof gemacht, indem man die Hallenwand durchbrach und die Gleise auf die Höhe der anschließenden Viadukte brachte. Oben nochmals eine Szene vom Bahnhof Zoo, die dokumentiert, wie zu Zeiten starken Verkehrs immer wieder auch Güterzuglokomotiven auf der Stadtbahn aushelfen mußten – hier ist es eine Maschine der Gattung T 14, die 1914 auf die Schienen kam. Berlin hatte davon 1916 über hundert Stück im Güterzugdienst.

BERLIN
Jannowitzbrücke und Stadtbahnhof

Gruss aus Berlin
Schlesischer Bahnhof
Kunstverlag W. Herbig, Berlin C. 25

Neue Vorortstrecken

Getrennte Vorortgleise sind auf der Strecke zwischen dem Schlesischen Bahnhof und Erkner am 1. Oktober 1902 in Betrieb genommen worden. Gleichzeitig wurde die Bahn an vielen Stellen angehoben und mit Brücken über die Straßen geführt; zahlreiche Empfangsgebäude wurden damals erneuert. Oben links der ansehnliche Bahnhof von Erkner, wo Gerhart Hauptmann wohnte, und darunter das Empfangsgebäude von Friedrichshagen, wo sich um 1900 eine ganze Künstlerkolonie um August Strindberg angesiedelt hatte. Der gotische Burgenstil dieser Epoche ist am Bahnhof Rahnsdorf (Bild unten) mit „Wehrturm und Schießscharten" noch kräftiger ausgeprägt.

Verlag Paul Brückmann, Friedrichsfelde. 10427 Ges. gesch.
Bahnhof Lichtenberg-Friedrichsfelde

Bahnhöfe wie Burgen

Im Jahre 1894, als der Bahnhof Beusselstraße am Nordring angelegt worden ist, hatte das Fieber der Neugotik in Berlin auch die Architekten der Staatsbahn erfaßt. Die Ansichtskarte unten zeigt den Bau um 1905, davor die Ferngleise der Hamburger und Lehrter Bahnen. Der 1903 gebaute Bahnhof Lichtenberg-Friedrichsfelde an der Ostbahnstrecke (Bild links oben) zeigt viele Elemente, die auch in Rahnsdorf verwendet wurden. Darunter ein Blick auf die Ladegleise am Zentralviehhof, dessen Bahnstation am Nordring bei der Landberger Allee lag, da die Hauptzufuhr von Schlachtvieh mit Zügen der Ostbahn und der Niederschlesisch-Märkischen Bahn erfolgte. An den Rampen konnten bis zu sechs Züge gleichzeitig abgefertigt werden. Rechts im Bild die Kälberställe.

Damals in Rixdorf

An der Bergstraße im heutigen Neukölln, das bis 1912 noch den Namen Rixdorf trug und diesen wegen seines schlechten Rufes dann ablegte, sind zwei Bilder dieser Doppelseite entstanden: unten der um 1895 umgestaltete Rixdorfer Ringbahnhof im Jahre 1901 mit den kleinen Abteilwagen und einer T 4-Lokomotive, davor zwei elektrische Wagen der südlichen Berliner Vorortbahn, dahinter die Wohnhäuser der Lahnstraße. Die Aufnahme rechts oben ist ein Jahrzehnt später entstanden und zeigt, daß an diesem Umsteigepunkt eine Erfrischungshalle und eine Zigarrenbude ihre Kundschaft gefunden haben. Darunter das Züglein der Rixdorf-Mittenwalder Eisenbahn, die am 27. September 1900 ihren Betrieb aufgenommen hat. Sie erschloß den östlichen Landkreis Teltow; Betriebsführer war die Firma Vering & Waechter. Ihr Berliner Endbahnhof lag neben der Ringbahnstation Hermannstraße. Aufnahme von 1908.

CIGARREN
CIGARREN
Erfrischungs Halle

K. ED. Berlin.

6

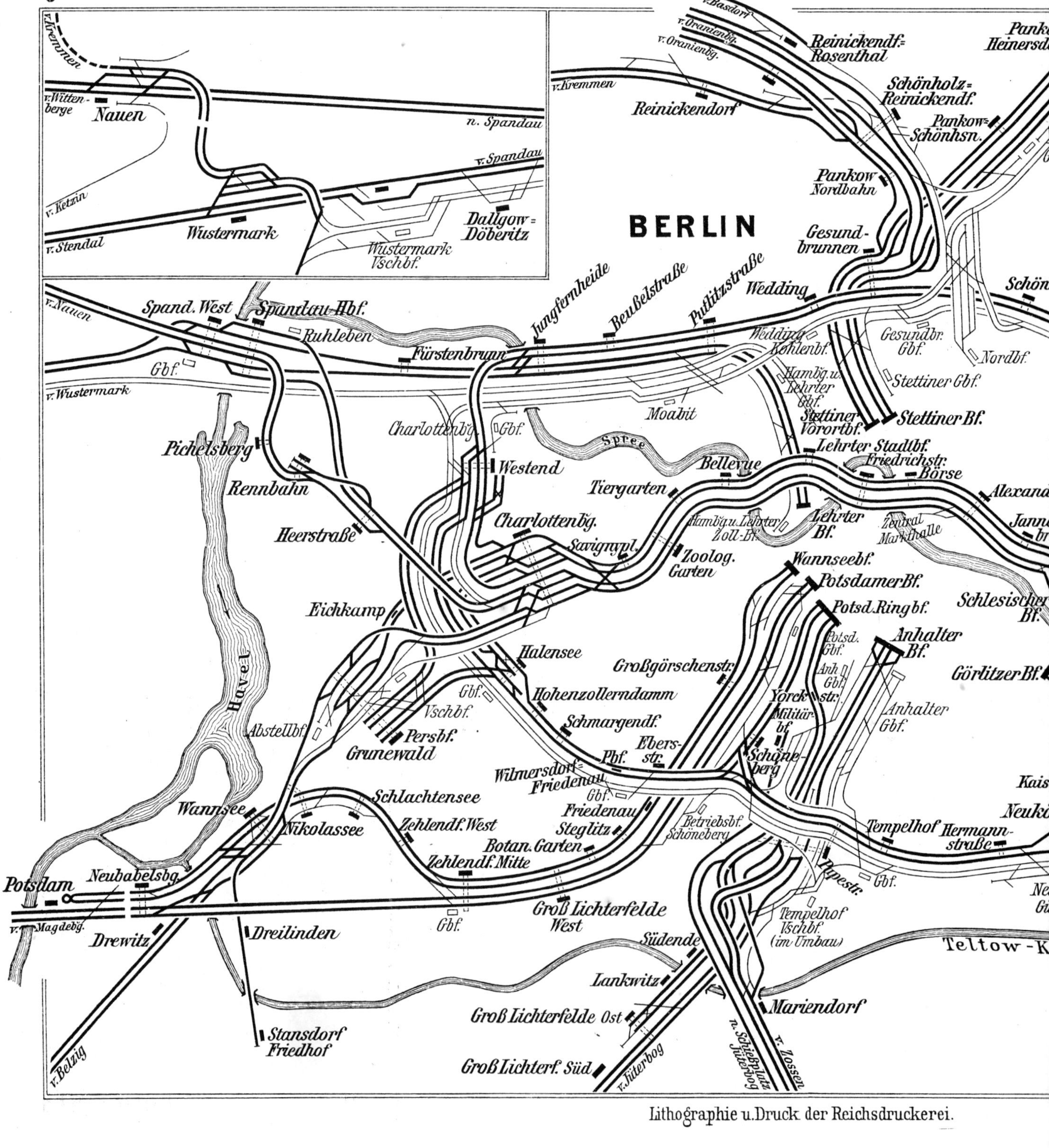

Lithographie u. Druck der Reichsdruckerei.

Das eiserne Netz

Immer dichter wurde im Lauf der Jahre das Berliner Schienennetz. Diese Skizze aus der „Sammlung von Übersichtsplänen wichtiger Abzweigungsstationen der Eisenbahnen Deutschlands, bearbeitet im Reichs-Eisenbahn-Amt 1914“, hilft dem Leser bei der Betrachtung vieler Abbildungen. Die dünnen Linien bezeichnen Strecken nur für den Güterverkehr, während die übrigen Linien auch oder ausschließlich dem Personenverkehr dienen. Um die Darstellung übersichtlich zu halten, sind Nebengleise zumeist weggelassen worden.

Ausflugsziele im Berliner Westen

Durch den Bau der Stadt- und Ringbahn haben sich die Berliner Ausflugsgewohnheiten stark verändert. An Sonn- und Festtagen nahm der Verkehr in den Grunewald solchen Umfang an, daß die Verwaltung den Bahnhof Halensee um 1895 mit einem neuen Empfangsgebäude und mit zwei breiten Bahnsteigen für Züge der Stadtbahn und Ringbahn versehen mußte. Die Ansichtskarte unten zeigt den Bau am Kurfürstendamm im Jahre 1905. Bescheiden ausgestattet war dagegen der am 1. Mai 1896 eröffnete Haltepunkte Eichkamp (Bild rechts oben) an der neuen Stadtbahnverlängerung von Charlottenburg nach Grundewald. Erst 1928 ist am Eichkamp ein ordentlicher Bahnhof gebaut worden. Der abgebildete Stadtbahnzug von 1910 befuhr die Strecke zwischen Friedrichshagen und Grunewald. Dort ist um die Jahrhundertwende ein schöner Vorortbahnhof im Villenstil seiner Umgebung (Bild rechts unten) entstanden, der heute noch in alter Form vorhanden ist.

Station Eichkamp — Grunewald
Grunewald
Fahrkarten.

Gruss vom Bahnhof Grunewald.
Bahnhof Grunewald

Neue Bahnhöfe für eine Riesenstadt

Im Berliner Großstadtgebiet des „erweiterten Postbezirks“ wohnten 1910 etwa 3,4 Millionen Menschen, während das eigentliche Stadtgebiet über 2,1 Millionen Bewohner hatte. 1908 umfaßte der Berliner Eisenbahn-Direktionsbezirk 176 Bahnhöfe und Haltestellen, deren Zahl beständig wuchs: unten der 1911 eröffnete Bahnhof Picheisberg an der heute „Westbahn“ genannten Strecke von Charlottenburg nach Spandau, rechts oben der nach Plänen von Reinhold Kiehl ein Jahr später fertiggestellte Bahnhof Kaiser-FriedrichStraße (später „Braunauer Straße“ und „Sonnenallee“) am Südring in Neukölln, darunter der zwischen 1913 und 1916 bei der Anlage des Kaiserdamms durch Stadtbaurat Bredtschneider eingerichtete Bahnhof Witzleben am Nordring. Leider ist Pichelsberg im Krieg zerstört worden.

Neukölln. Panorama mit Bahnhof Kaiser Friedrichstraße.

CHARLOTTENBURG. Bahnhof Witzleben.

Eine „Kampflokomotive" gegen den Strom

Die gute Bewährung des elektrischen Bahnbetriebs bei der Berliner Hoch- und Untergrundbahn sowie bei den Versuchen, die auf den Seiten 72 bis 83 geschildert worden sind, führten um 1912 im Ministerium der öffentlichen Arbeiten zum Entschluß, einer „Elektrisierung" der Berliner Stadt-, Ring- und Vorortbahnen näherzutreten. Weil man den vorhandenen Wagenpark weiter nutzen wollte, erhielt die Allgemeine Elektricitäts-Gesellschaft den Auftrag zum Bau von Triebgestellen für Einphasen-Wechselstrom, die ab 1913 zwischen Dessau und Bitterfeld ausprobiert wurden. Das Bild rechts oben zeigt ein solches Gefährt, die Ansichtskarte darunter das Fabriktor der AEG an der Brunnenstraße im Wedding, das Franz Schwechten 1897 entworfen hat. Die Lokomotivindustrie baute auf eigene Kosten die unten dargestellte Dreizylinder-Heißdampflokomotive mit einem leistungsfähigen Kessel, Ölzusatzfeuerung, Heißdampfregler, Speisewasservorwärmer und Auspuffschalldämpfer, die im Februar 1913 von Henschel in Kassel nach Berlin geliefert wurde. Obwohl sie auf der Stadtbahn ordentliche Resultate erzielte, überzeugte sie nicht auf der ganzen Linie. Am 5. Mai 1913 entschied sich das preußische Abgeordnetenhaus für die „Elektrisierung" in Berlin, die freilich durch den Ersten Weltkrieg erst einmal abgebrochen wurde.

EB2

537. Berlin N. Brunnenstr.
Allgem. Elektricitäts - Gesellsch.

In die Ferne

Am Anhalter Bahnhof, der hier in einer „Fliegeraufnahme“ mit dem Askanischen Platz, der Möckernstraße und der Schöneberger Straße zu erblicken ist, fuhr man nach Dresden und Prag, Stuttgart und München, Basel und Nizza, Mailand und Rom ab. Die Farbseite rechts zeigt einen Querschnitt durch Berliner Fahrkarten zwischen 1898 und 1908, überwiegend aus der Mustersammlung des früheren Verkehrs- und Baumuseums. Zumeist sind es „direkte Karten“ zu einem Ziel bei einer fremden Eisenbahnverwaltung, daher die sehr unterschiedlichen Angaben über Gültigkeit und Reiseweg. In der unteren Reihe neben Bahnsteigkarte und Platzkarte auch ein Billet für die Rixdorf-Mittenwalder Kleinbahn, deren Zug uns auf Seite 107 begegnet ist. Zum Schießplatz bei Jüterbogk mußte man auf die Königliche Militärbahn umsteigen.

Für alle Züge
Für D-und L-Züge tarifm. Zuschl.
F. BERLIN-Stadtbahn
ALEXANDROWO
üb. Schneidemühl-Bromberg od. Frankfurt a. O. - Posen - Thorn.
I. Kl. Erw. 36,70 M
Kind 18,25 M
0622
Personenzug
BERLIN Anh. Bhf.
SCHIESSPLATZ
bei Jüterbog
II. Kl. H 4,20 M
HP
BERLIN A. Bhf.-Schiesspl. J.
0063
BERLIN Anhalter Bhf
DRESDEN-Altst.
über Zossen
2,70 M
(Siehe Rückseite)
E0210
Für alle Züge.
Für D-und L-Züge tarifm. Zuschl.
BERLIN Pots. Hptbhf.
oder Stadtbahn
BRAUNLAGE
über Halberstadt - Tanne.
II. Kl. A 17,90 M
0098
Personenzug
Charlottenburg
Bartenstein
über Cüstrin Bromberg
Thorn-Korschen
(Ostpreussische-Südbahn)
IV. Kl. 12,8 M
19.11.98
Charlbg. - Bartenst.
0031
Militärfahrkarte
BERLIN Lehrt. Hptbf.
HEILIGENGRABE
über Kyritz - Pritzwalk.
III. Kl. A 1,30 M
0027
Für alle Züge,
für D-u. L-Züge tarifm. Zuschlag
auf russ. Strecke Persz.
C Berlin Stadtb.-
Wirballen
und zurück
Zur Rückf. gült. 45 Tage.
Nicht übertragbar.
III. Kl. 45,10
Kinder 22,50 M
H. R.
C Berlin St.-Wirball.
0027
Nicht übertragbar (s. Tarif.)
Für alle Züge
Für D-und L-Züge tarifm. Zuschl.
Desgleichen für Nachtzüge in Schweden.
BERLIN (Stett. Bhf.)
STOCKHOLM
(Siehe Rückseite)
Zur Rückfahrt gültig 30 Tage einschliessl. d. Lösungstages.
I. Kl. 127,10 M
H A R
A
BERL. Stett. Bhf. - STOCKHOLM
0004
18.07.06
Für alle Züge.
Für D-und L-Züge tarifm. Zuschl.
BERLIN Görl. Bhf. od. Stadtb.
KRUMMHÜBEL
über Spremberg oder Sommerfeld - Lauban.
Zur Rückfahrt gültig 45 Tage einschliessl. d. Lösungstages
Nicht übertragbar
III. Kl. 18,80 M
H C R
C
Krummhübel
2843
Für alle Züge.
Für D-und L-Züge tarifm. Zuschl.
BERLIN Anh. Bhf.
TEPLITZ
über Zossen-Elsterw.-Böhla oder Röderau-Kötzschenbr.-Dresden-Bodenbach-Aussig.
Nicht übertragbar
II. Kl. 29,60 M
H J R
J
BERLIN A. Bhf. - TEPLITZ
0120
Personenzug.
SPANDAU
PERLEBERG
über WITTENBERGE
III. Kl. 5,10 M
SPANDAU - PERLEBERG
0016
Platzkarte.
BERLIN Anh. Bhf.
LEIPZIG Bayr. Bhf.
Für Zug D 26
Wagen Nr.
Platz Nr.
J 2,00 M
(Siehe Rückseite)
0013
Berlin Potsd. Hbf.
Bahnsteig-karte.
Gültig zum einmaligen Betreten des Bahnsteiges an dem durch die Lochung bezeichneten Kalendertage. Die zwischen 11 und 12 Uhr Nachts durchlochten Karten berechtigen zum Verlassen des Bahnsteiges noch am folgenden Tage.
O 0,10 M
3345
R.-M. E
Für alle Züge
Mittenwalde
Brusendorf
und zurück
Zur Rückfahrt gültig 3 Tage einschl. des Lösungstages.
Nicht übertragbar!
III. Kl. 0,40
K. R.
Brusendorf
2876
Platzkarte
Berlin - Köln
für Schnellzug 6
am
Wagen No.
Platz No.
G
(Siehe Rückseite.)
№ 236

Aufbruch in die Reichsbahnzeit

Für Ihre Verkehrswerbung hat die 1920 gegründete Deutsche Reichsbahn diese beiden Farbpostkarten herausgegeben. Oben der neue, 1924 fertiggestellte Bahnhof Friedrichstraße nach einer Abbildung im „Reichsbahn-Kalender“ von 1927, rechts ein 1935 entstandenes Stimmungsbild vom Anhalter Bahnhof mit der Hochbahnbrücke und dem neuen Stellwerk über dem Landwehrkanal.

M·T
·1935·

22. SEPTEMBER 1838 –
BERLIN – POTSDAM
100 JAHRE EISENBAHN!

BAHNHOF ZOOLOGISCHER-GARTEN
LEHRTER BAHNHOF
BAHNHOF FRIEDRICHSTRASSE
STETTINER BAHNHOF
POTSDAMER BAHNHOF
BAHNHOF ALEXANDERPLATZ
GÖRLITZER BAHNHOF
ANHALTER BAHNHOF
FLUGHAFEN TEMPELHOF
SCHLESISCHER BAHNHOF
Fahrverbindungen zum Hermannplatz: Mit der Stadt- und Ring-Bahn und der U-Bahn direkt ins Haus.
Straßenbahn 4, 5, 15, 21, 27, 47, 95, 98, 148. Autobus 11.
KARSTADT am Hermannplatz
Brennpunkte des Verkehrs in
Groß-Berlin

Auf Bahnhof Wünsdorf

Während links nochmals zwei farbige Abbildungen aus der Reichsbahnzeit zu sehen sind, die aus technischen Gründen vorab gezeigt werden, führt uns die Fotografie unten auf den Bahnsteig in Wünsdorf an der Dresdener Bahn. Das Bild ist im Mai 1916 entstanden und zeigt den kargen Landbahnhof mit einem Militärzug vor der Abfahrt. Eine kleine Musikkapelle ist dazu angetreten, während ein Major im langen Mantel die Angelegenheit beobachtet. Viele Szenen dieser Art gab es während des Ersten Weltkrieges in Berlin zu sehen. Links oben eine Bildkarte zur Hundertjahrfeier der Potsdamer Bahn von 1938, darunter ein Karstadt-Prospekt von 1936 mit den wichtigsten Fernbahnhöfen der Stadt.

Borsig-Lokomotiven aus Tegel

Vor der Jahrhundertwende wurde die Maschinenfabrik Borsig von der Chausseestraße und aus Moabit auf ein neues Gelände nach Tegel verlegt. Das dreiteilige Bild rechts zeigt die neuen Fabrikationshallen und oben das 1898 nach Entwurf von Reimer und Körte gebaute Tor an der Berliner Straße, das fortan vielen Lokomotivbildern der Firma als Hintergrund diente. Neben diesem Portal rollten die fertigen Maschinen aus dem Werk zur Staatsbahn, und auch die hier abgebildete Stadtbahnlok T 12 hat am 8. August 1916 diesen Weg genommen. Die Lokomotive „Berlin 8488" mit Fabriknummer 9439 wurde bei der Reichsbahn in 74 1210 umgezeichnet und blieb nach dem Zweiten Weltkrieg in Polen. Sie war mit Vorwärmer und Speisedom ausgerüstet, wie die Aufnahme von Werner Hubert zeigt.

A. BORSIG
Berlin-Tegel, Aug. 1907

Die Heißdampflokomotive im Anhalter Bahnhof

Im Frühjahr 1914 ist die Aufnahme rechts mit der nagelneuen P 8-Lokomotive „Halle 2433“ entstanden, die unter der „Commando-Brücke“ am Anhalter Bahnhof steht. Diese vielseitigen Personenzugmaschinen prägten jahrzehntelang das Bild des Bahnverkehrs in Preußen, denn es wurden rund dreitausend Stück davon gebaut. Ihr geistiger Vater Robert Garbe (1847–1932), dessen Porträt unten rechts zu sehen ist, hat sie anfangs sogar als Schnellzugmaschine bezeichnet. Das Lichtbild links daneben zeigt Franz Schwechten (1841–1924), dem Berlin diesen Bahnhof und auch die Kaiser-Wilhelm-Gedächtniskirche zu verdanken hatte.

Unmittelbar in die bewegte Zeit nach dem Ende der Monarchie führt die Szene links, die einen „Verkehrsstreik“ vom März 1919 illustriert. Die wenigen noch verkehrenden Züge waren rettungslos überfüllt – Zeichen dafür, daß der Stadtkörper ohne die Zirkulation auf seinen Bahnen nicht mehr lebensfähig war.

4. Kapitel

Die elektrischen Schnellbahnen der Weltstadt (1918–1933)

Mit einer langen Verzögerung konnte die Weimarer Republik 1924 mit der „Elektrisierung" des Berliner Eisenbahnnetzes im Nahverkehr beginnen. Doch da sich die ersten umgestellten Strecken im Norden bestens bewährten, folgte 1928 ein beispielhafter Durchbruch: das gesamte Netz der Stadt-, Ring- und Vorortbahnen wurden binnen weniger Jahre mit einer elektrischen Stromschiene versehen und mit den zahllosen neuen Triebwagen befahren, deren Zugfolgen international imponierten. Damit trugen die Eisenbahnen zu Berlins Weltruf als „Elektropolis", als Stadt der Elektrizität, wesentlich bei.

Über Berlins Stellung als „Knotenpunkt des Reichsbahnverkehrs" hatte der Reichsbahn-Kalender im August 1929 berichtet: „Ist Deutschland schon verkehrsgeographisch so günstig wie kaum ein anderes Land in Europa gelegen, so sitzt seine Hauptstadt gleichsam als Spinne im Netz großer europäischer Schienenwege. Elf zweigleisige Hauptbahnen, die sich in der weiteren Umgebung Berlins unzählige Male verästeln, bilden die radialen Hauptfäden dieses Netzes. Von Norden, von Oslo, Stockholm und Kopenhagen, laufen die Fäden und münden in den auf dem rechten Spreeufer gelegenen Stettiner Bahnhof, dem verkehrlich wohl bedeutendsten Bahnhof Berlins. Auf diesem Ufer der Spree liegt auch der Lehrter Bahnhof, der für Berlin als Ankunftsbahnhof der von Übersee über Hamburg eintreffenden Europareisenden von Bedeutung ist. Jenseits der Spree ermöglichen die Fernbahnhöfe Friedrichstraße, Anhalter, Potsdamer und Görlitzer Bahnhof die Weiterreise nach Wien, Budapest, Bukarest, nach dem Balkan, nach der Schweiz und Italien. Diesen Nord-Südverkehr kreuzen die in westöstlicher Richtung verlaufenden Verkehrsbänder, die von Frankreich, England und Belgien kommen, durch das rheinisch-westfälische Industriegebiet gehen, alsdann den England-Holland-Verkehr und den Übersee-Bremen-Verkehr aufnehmen, um endlich auf dem schmalen Band der Stadtbahn in den Fernbahnhöfen Charlottenburg, Zoologischer Garten, Friedrichstraße, Alexanderplatz und Schlesischer Bahnhof die Reichshauptstadt zu erreichen. Vom Schlesischen Bahnhof verästeln sie sich wieder nach Nordosten zu, nach Ostpreußen, nach den östlichen Randstaaten, nach Warschau und Moskau sowie gegen Südosten über Breslau nach Budapest und Bukarest. Die Zahl der täglich auf den Berliner Fernbahnhöfen ankommenden und abfahrenden Züge betrug im Sommer 1928 insgesamt 516 Züge, und zwar 257 abfahrende und 259 ankommende, davon allein 171 D-Züge. 82 000 Reisende kamen täglich auf den Fernbahnhöfen an und fuhren dort ab. Das sind etwa 30 Millionen Reisende im Jahr.

Neben den Strecken und Bahnhöfen des Fernverkehrs spielen insbesondere für die werktätige und erholungsuchende Bevölkerung Berlins die 500 Kilometer Stadt-, Ring- und Vorortstrecken eine große Rolle. Dieser Verkehr bringt große Massen der Arbeiter, Angestellten und Berufstätigen frühmorgens an die Arbeitsstätten, abends wieder hinaus in die Wohnviertel und Sonntags in die Wälder und an die Seen der Mark. Dem Stadt-, Ring- und Vorortverkehr dienen 157 Bahnhöfe, die werktags von rund 2200, Sonntags von rund 2600 Zügen bedient werden. Im gesamten Stadt-, Ring- und Vorortverkehr im Jahre 1927 wurden 359 Millionen Personen, das sind rund 1 Million täglich, befördert. Auf jeden der 4 Millionen Einwohner Groß-Berlins kommen also jährlich rund 90 Fahrten.

Die durchgeführte Elektrisierung der Stadt- und Ringbahn hat die Reisedauer wesentlich abgekürzt."

Verkehrsstreik Berlin.
Überlasteter Vorortzug infolge
des Strassenbahner-Streiks.

Wo der „Berliner Verkehr“ tobt

Als der Verkehrsstreik der Straßenbahner im März 1919 auf seinem Höhepunkt war, boten sich dem Beobachter die Bilder der Seite links: oben ein überfüllter Vorortzug, darunter der Potsdamer Platz mit zahllosen Fuhrwerken bei der Personenbeförderung. Aber auch zu normalen Zeiten war der Verkehr am Potsdamer und Leipziger Platz so dicht, daß die Polizei einen „Verkehrsturm“ mit Ampelanlage schon 1924 aufstellen ließ, den die Aufnahme unten zeigt. Das jeden Fremden beeindruckende Schlagwort „Berliner Verkehr“ war auf vielen Ansichtskarten der Weimarer Zeit zu finden, als Doppeldeckbusse und die Hochbahn noch als letzter Schrei galten. Die folgende Doppelseite gibt vier weitere Muster mit dem „Berliner Verkehr“ zwischen 1920 und 1930 wieder.

BERLINER VERKEHR:
Anhalter Bahnhof

PENSION DAHEIM
Berliner Verkehr:
Friedrichstrasse Ecke Unter den Linden.

ZAHNCREME MOUSON
ZAHNCREME MOUSON
Berliner Verkehr:
Friedrich-Ecke Leipzigerstrasse.

Excelsior Reifen
25 Mariendorf
IA-5644
Berliner Verkehr:
Hallesches-Tor.

Als Jackie Coogan in Berlin war

Ein schönes Beispiel für den Reklamerummel der zwanziger Jahre bildet die Fotografie unten: da ist neben drei seriösen Herren von der Reichsbahn ein Kinderstar im Führerstand einer Dampflokomotive zu sehen. Es ist Jackie Coogan, der Held aus Chaplins Film „The Kid", der im März 1924 nach Berlin geholt worden war, um im Kino „Marmorhaus" die Werbetrommel zu rühren. Er war mit dem Dampfer „Leviathan" gekommen, wohnte hier im Hotel Adlon und wurde vom Programmheft-Verlag Ross zu mancherlei Fototerminen gefahren. So kam auch sein Bild mit der Schnellzuglok S 10^2 im Potsdamer Bahnhof zustande. Im Hintergrund die Kuppeln des Potsdamer Ringbahnhofs, dessen Straßenseite um 1935 rechts dargestellt ist.

Potsdamer Ringbahnhof
Eingang
TRAGT
ALAMANDER
SCHUHE
Boenicke Zigarren ein Qualitätsbegriff
Potsdamer Platz
Wiener Philharmoniker Furtwängler

Die Eisenbahn als Massenverkehrsmittel

In beiden Bildern dieser Doppelseite wird deutlich, welche Bedeutung die Stadt-, Ring- und Vorortbahn für Arbeit und Freizeit der Berliner um 1925 gehabt hat, als der Kauf eines Automobils für den kleinen Mann noch in weiter Ferne lag. Unten ein Morgenbild vom Potsdamer Ringbahnhof mit dem Originaltext: „Hier kommen die auswärtigen Angestellten an“. Wer zum Fernbahnhof wollte und Gepäck hatte, konnte sich der Droschke bedienen, die links auf der „Privatstraße“ steht. Auch der Weg zum Untergrundbahnhof war nicht weit. Rechts eine Winterszene vom Bahnsteig D des Bahnhofs Grunewald, aufgenommen von dem Bildreporter Friedrich Seidenstücker.

Grunewald
Grunewald
Bahnsteig D

Der neue Bahnhof Friedrichstraße

Schon früh hatte die Staatsbahn erkannt, daß sie in der Mitte der Stadtbahnstrecke die Möglichkeit von Zugüberholungen schaffen mußte, um den Betrieb beweglicher zu führen. Bereits im Ersten Weltkrieg begann deshalb der Umbau des Bahnhofs Friedrichstraße nach den Plänen von Th. Brodführer, wie ihn die Skizze rechts darstellt: Der Bahnsteig C wurde neu für die Stadtbahnzüge angebaut, so daß für die Fernzüge und die auf den Ferngleisen rollenden Vorortzüge der Strecke Spandau – Strausberg zwei Richtungsbahnsteige blieben. 1924 waren die eisernen Hallen von 38,7 m und 19 m Breite bei 16,7 m Höhe fertiggestellt; unten eine Werbung der Lieferfirma. Einen Blick auf den neuen Bahnsteig, über die Friedrichstraße und den Eingang zur Nordsüd-Untergrundbahn im Jahre 1924 läßt uns die Abbildung unten rechts werfen.

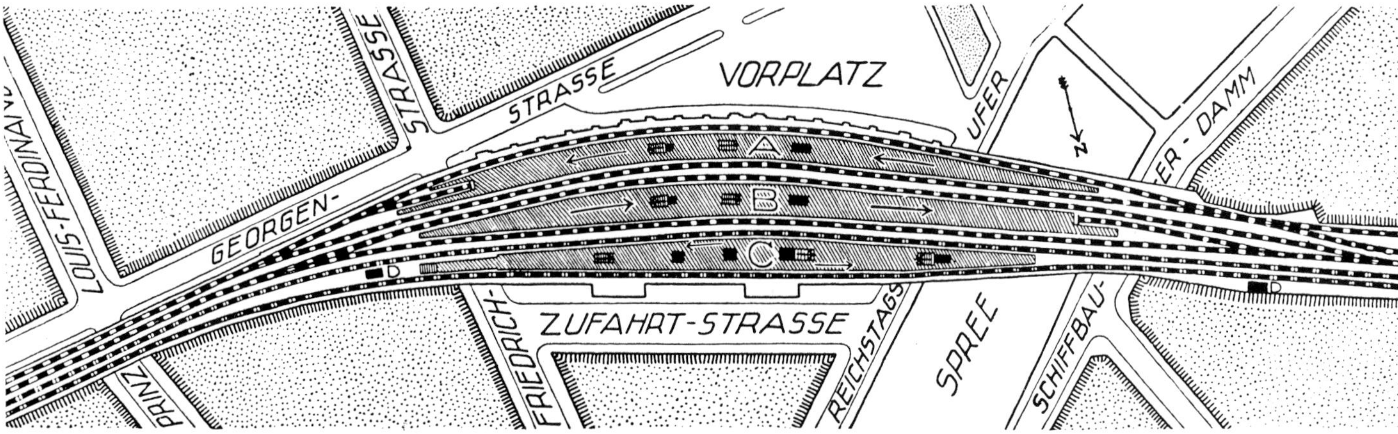
VORPLATZ
GEORGEN-
STRASSE
STRASSE
LOUIS-FERDINAND
A
B
C
D
D
UFER
N
ER-DAMM
PRINZ
FRIEDRICH-
ZUFAHRT-STRASSE
REICHSTAGS
SPREE
SCHIFFBAU-

MASSARY
ZIGARETTE

Elektrische Probezüge

Nach dem Ersten Weltkrieg wurden die Elektrifizierungspläne in Berlin wieder aufgegriffen, doch entschloß man sich nun zum Gleichstromsystem mit 800 Volt Spannung und seitlicher Stromschiene. Die guten Erfahrungen auf der Lichterfelder Strecke und auf der Untergrundbahn erleichterten diese Wahl, die zugleich dem Triebwagen den Vorzug gab vor der elektrischen Lokomotive mit herkömmlichen Abteilwagen. Zur Ermittlung des besten Wagenaufbaus wurden fünf verschiedene Versuchszüge 1922 in Auftrag gegeben, von denen rechts oben der Zug „D" von Orenstein & Koppel und auf dieser Seite der Zug „E" von der Görlitzer Waggonfabrik zu sehen sind. Nach ihrer Erprobung wurden 17 Halbzüge der unten rechts abgebildeten Bauart „Bernau" (ET 169) bestellt, die sich jeweils aus zwei schweren Triebwagen und drei kurzen Beiwagen zusammensetzten. Am 8. August 1924 begann der planmäßige Einsatz dieser Züge vom Stettiner Vorortbahnhof nach Bernau.

Berlin
Stettiner Bf.

Bernau

Die Triebwagen-Bauart „Oranienburg“

In mehreren Etappen wurde 1925 auch der elektrische Betrieb auf der Vorortbahn nach Oranienburg und 1927 auf der Kremmener Bahn bis Velten aufgenommen. Dazu beschaffte die Reichsbahn einen vollkommen neuen Wagentyp, der in Laufruhe und Beschleunigung die bisher gebauten Züge deutlich übertraf. Erstmals wurde bei diesem Typ „Oranienburg“ (ET 168) das System der „Viertelzüge“ angewandt, bei dem ein Paar aus Trieb- und Beiwagen die kleinste betriebliche Einheit bildete. Bis zu vier dieser Einheiten konnten gemeinsam laufen. Unten die blaulackierte Front des Wagens 2174 von Orenstein & Koppel, rechts daneben sein Dienstabteil mit den Holzbänken. Darüber wieder ein Seidenstücker-Foto, das im Abteil für Mutter und Kind 1927 entstanden ist.

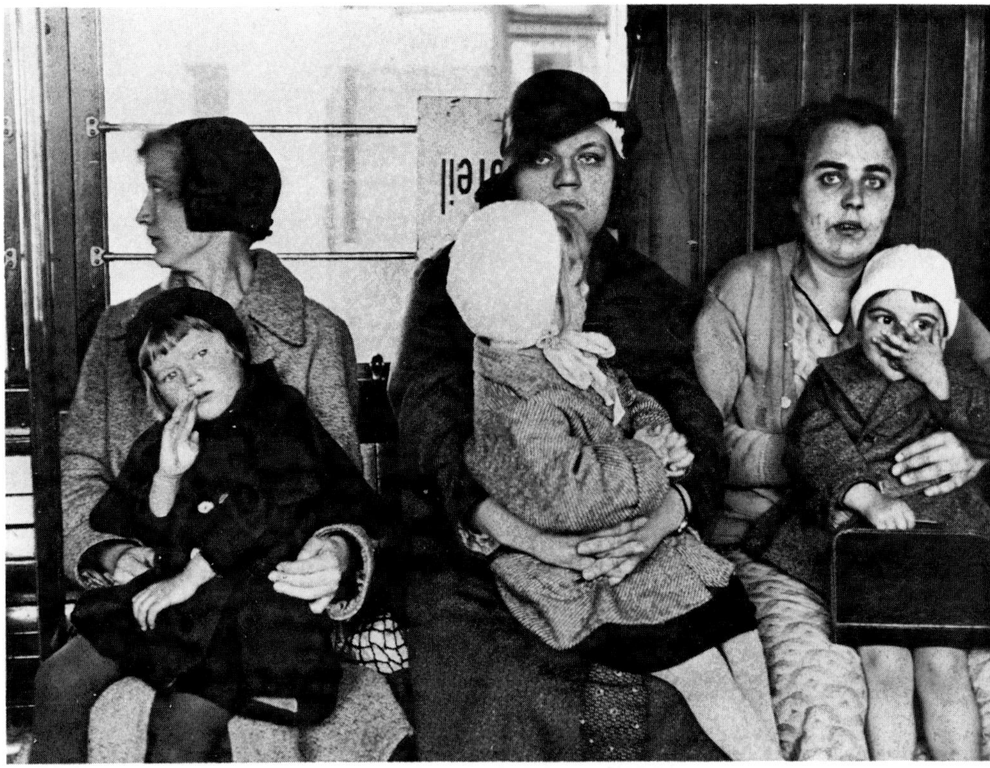

7155 B

317
225

AEG

Die Eisenbahntechnische Ausstellung 1924

Als eine Leistungsschau der deutschen Eisenbahntechnik wurde im Herbst 1924 von der Reichsbahn, der Technischen Hochschule Charlottenburg und dem Verein Deutscher Ingenieure die Eisenbahntechnische Tagung mit einer Ausstellung in Berlin abgehalten. Auf dem neuerbauten Rangierbahnhof Seddin bei Potsdam waren für zwei Wochen die modernsten Dampflokomotiven und Motortriebwagen, Elektroloks und Großgüterwagen vereinigt. Vor den märkischen Kiefern sehen wir links oben eine Mallet-Lokomotive von Henschel für Brasilien und einen Benzoltriebwagen, links unten die Krupp-Turbinenlokomotive T 18 1001 für die Reichsbahn. Unten schließlich sachverständiges Publikum vor der bayerischen Gelenklokomotive 96 023 von Maffei, die ebenfalls in Seddin aufgefahren war.

Dampflokomotiven von der AEG

In Seddin war 1924 auch die oben gezeigte Dampflokomotive der preußischen Gattung G 8^2 ausgestellt, die mit der Fabriknummer 2779 aus den Werkstätten der Allgemeinen Elektricitäts-Gesellschaft in Hennigsdorf, Kreis Osthavelland, hervorgegangen war. 1913 war dieses großzügige Werk mit Hallen von Peter Behrens angelegt worden, weil das Unternehmen auch die Mechanteile seiner Elektrolokomotiven selbst herstellen wollte. 1920 begann hier der Bau von Dampfloks, als die Reichsbahn die im Krieg entstandenen Lücken ihres Fahrzeugparks rasch schließen wollte. Die Ansicht rechts oben führt uns an das Tor 2 um 1925, während darunter der Bahnhof Hennigsdorf an der Kremmener Bahn um 1933 zu sehen ist. Die Straßenbahnlinie 120 war auf Betreiben der AEG von Spandau West über Johannesstift für ihre Arbeiter gebaut worden. Ab 1923 liefen auf der 12,3 km langen Überlandbahn zwei bis drei Benzoltriebwagen, seit 1929 ordentliche Straßenbahnwagen.

120
Fahrkarten

Streiks am Anhalter Güterbahnhof

Viele Aufnahmen aus dem Berlin der zwanziger Jahre zeigen Versammlungen und Demonstrationen. Oben sind Auseinandersetzungen zwischen streikenden Eisenbahnern und Streikbrechern im März 1925 am Tempelhofer Ufer dokumentiert; dahinter das Verwaltungsgebäude des Anhalter Güterbahnhofs. Ein Streckenarbeiter verdiente damals 29,61 Reichsmark, ein Werkstätten-Vorhandwerker 44,73 Reichsmark wöchentlich. Den Alltag im Tempelhofer Güterzugdienst läßt die Aufnahme rechts unten spüren, die eine Lok der preußischen Gattung G 5^3 vorführt, wie sie Borsig 1904 geliefert hat. Noch immer kam man im Flachland mit diesen Naßdampfloks einigermaßen zurecht. Darüber ein Blick in die Hallen des Ausbesserungswerks Tempelhof, wo zur „Weltkraftkonferenz“ 1930 abermals die modernsten Reichsbahnmaschinen versammelt waren. Blickfang war nun die Schwartzkopff-Löffler-Lokomotive H 02 1001 mit ihrem 120-atü-Hochdruckkessel.

H 02 1001
N 10

54 638

Demonstration am Schlesischen Bahnhof

Eine riesige Menschenmenge ist auf diesem Bild versammelt, um 19 politische Gefangene zu begrüßen, die durch eine Amnestie aus dem Zuchthaus Sonnenburg entlassen wurden und auf dem Schlesischen Bahnhof eingetroffen sind. „Die revolutionären Arbeiter grüßen die Amnestierten", ist auf dem Transparent der Kommunistischen Partei und des Roten Frontkämpferbundes zu lesen. Rechts oben der gleiche Bahnhof in ruhiger Sonntagmorgenstimmung, darunter der alte Ostbahnhof am Küstriner Platz in den dreißiger Jahren. Hier war 1928 das Varieté „Plaza" eingezogen, das in seinen Vorstellungen volkstümliche Unterhaltung für bis zu dreitausend Personen bot. Der Bau war in fünf Minuten zu Fuß vom Schlesischen Bahnhof erreichbar.

PLAZA
PLAZA

Der Anhalter Bahnhof aus der Luft

In den ersten Jahren der „Weimarer Zeit" ist dieses Luftbild des Bezirks Kreuzberg entstanden. Von oben nach unten zieht sich der Landwehrkanal mit dem Schöneberger Hafen, an dessen Ufern die Reichsbahndirektion Berlin (rechts) und das Reichsbahn-Zentralamt (links) liegen. Der Anhalter Fernbahnhof mit der Commando-Brücke und der zugehörige Güterbahnhof beherrschen die obere Bildhälfte, während rechts die Hochbahnhöfe Gleisdreieck und Mökkernstraße liegen. Am unteren Bildrand sind Teile des Potsdamer Bahnhofs mit dem Ringbahnhof und dem Güterbahnhof auszumachen.

Die Eisenbahnlandschaft im Berliner Süden

Die Bahnhöfe südlich des Landwehrkanals sind hier (um 1920) zu betrachten: links oben der Anhalter Güterbahnhof mit dem Bahnbetriebswerk an der Trebbiner Straße, daneben der Postbahnhof an der Luckenwalder Straße und der Hochbahnhof „Gleisdreieck" mit den beiden dort sich kreuzenden Linien, rechts die Güterumladehallen, Abstellgruppen und Lokomotivschuppen der Potsdamer Bahnhöfe.

Gleisarbeiten an der Ringbahn

Die Bahnunterhaltung der mit Zugfahrten dicht belegten Berliner Strecken von Stadt- und Ringbahn war für die Ingenieure und die Arbeiter keine einfache Aufgabe. Soweit möglich, wurden Reparaturen nachts und sonntags durchgeführt, um den werktäglichen Strom der Reisenden nicht zu stören. Der Bildreporter Friedrich Seidenstücker hat diese beiden Aufnahmen am Südring bei Treptow (oben) und am Nordring unweit der Schönhauser Allee (links) um 1930 eingefangen.

Bahnhof Zoo aus der Luft

Die Wohnviertel um den Bahnhof Zoologischer Garten hatten in den zwanziger Jahren noch den Ruf des mondänen Westens mit Fünfuhrtees, literarischen Kaffeehäusern, Emigrantenhotels und einer gewissen Halbwelt. Wer danach suchte, stieg an dem Bahnhof aus, den uns das Luftbild oben zeigt: Gedächtniskirche und Hardenbergstraße erleichtern die Orientierung; an der Jebensstraße das Oberverwaltungsgericht und das Haus der Landwehr-Kameradschaft, am oberen Bildrand die Technische Hochschule. Rechts ein näherer Blick auf die Westseite des Bahnhofs Zoo an der Hardenbergstraße mit den Treppen zur Untergrundbahn und einem Straßenbahnzug der Linie 58 nach Pichelsdorf. Die Aufnahme ist im Frühsommer 1928 entstanden, denn der klassische Dampfzug rollt bereits über Stadtbahngleise mit seitlichen Stromschienen.

UNTERGRUND
UNTERGRUND
Berlin. Am Bahnhof Zoologischer Garten
239

Die große Stadtbahn-Elektrisierung

Nach den guten Erfahrungen mit ihren Gleichstromzügen auf den Nordstrecken beschloß die Deutsche Reichsbahn im Juli 1926 eine grundlegende Modernisierung des gesamten Netzes der Berliner Stadt-, Ring- und Vorortbahn. Die Umstellung auf elektrischen Betrieb mit neuen Zügen gehörte dazu ebenso wie der Bau mehrerer neuer Bahnhöfe und Strecken, ferner ein neues Ausbesserungswerk in Schöneweide (Bild unten), ein Kraftwerk nebst Unterwerken, schließlich ein selbsttätiges Signalsystem für Zugfolgen von 90 Sekunden. Nicht weniger als 634 neue Viertelzüge der Bauart „Stadtbahn“ (ET 165) sind zwischen 1928 und 1931 auf die Schienen gestellt worden; das elektrische Netz war damit 230 km lang. Rechts oben ein „Vollzug“ mit dem führenden Wagen „Berlin 2252“, darunter ein Blick in das „Abteil für Reisende mit Traglasten oder Hunden“ bei einer Lieferung aus dem Spandauer Werk von Orenstein & Koppel. Auf der folgenden Doppelseite die zugehörigen Fahrgastabteile für „2. Kl. Raucher“ (links) und „3. Kl. Nichtraucher“ (rechts) in Werkfotos von 1928.

3.Kl.Nichtraucher
Für Reisende mit Traglasten oder Hunden

2.Kl. Raucher
3065 II

3065 III

Zur Gontardstraße

Spindlersfeld
estend
Alexanderplatz
RECLAM BÜCHER

Der neue Bahnhof Alexanderplatz

Durch Rauch und Dampf der Lokomotiven hatten die eisernen Bahnsteighallen der Stadtbahn von 1882 inzwischen so gelitten, daß die Verwaltung nach dem Neubau an der Friedrichstraße auch Ersatz am Alexanderplatz und auf dem Schlesischen Bahnhof schaffen mußte. Die vorangegangene Doppelseite zeigt die 1926 fertiggestellte Halle am „Alex" mit reizvollen Details bis hin zum Verkaufs-Automaten für Reclam-Hefte und „Diverse Reiseerfrischung" von Loeser & Wolff. Am Stadtbahnsteig sind die Zielschilder für Westend und Spindlersfeld gezogen. Unten ein Blick über die Königstraße beim Abriß der alten Halle um 1923. Das neue Gewölbe war 37,1 m breit und 19,6 m hoch. Rechts nochmals zwei Ansichten von der Alexanderstraße und der Königstraße.

ZIGARETTE
CIGARREN Loeser & Wolff CIGARREN
LOESER & WOLFF
Cigarren Loeser & Wolff

CIGARREN
DIE GUTE
76

Die Züge am Bahnhof Friedrichstraße

In der Zeit zwischen 1925 und 1928 sind diese Ansichten des Bahnhofs Friedrichstraße entstanden. Unten ein Blick auf die östliche Ausfahrt der Fernbahnhalle links mit einer Schnellzuglok der Gattung S 10^1, Bauart 1911, vor einem Eilzug oder mit einem „beschleunigten Personenzug" nach Frankfurt (Oder) am Haken. Rechts die westliche Ausfahrt, und zwar oben noch mit einem Abteilwagenzug hinter der Stadtbahnlokomotive T 12, darunter schon mit einem elektrischen Zug und dem neuen Blocksignal. Auf der Stadtbahn wurde der elektrische Betrieb am 11. Juni 1928 aufgenommen.

REEDEREI BAUER

AUSGANG
Berlin bei Nacht:
Bahnhof-Friedrichstr.

Berlin bei Nacht:
Bahnhof Friedrichstr. und Central-Hotel.

Nacht über Berlins Bahnhöfen

Wie das Schlagwort „Berliner Verkehr“, so war auch „Berlin bei Nacht“ ein beliebtes Motiv der Ansichtskarten-Hersteller nach 1925. Die beiden Aufnahmen links zeigen eindrucksvoll die mitternächtliche Stimmung am Bahnhof Friedrichstraße; oben der Blick vom Stadtbahnsteig in die Fernbahnhalle, darunter auf die noch von dem alten Bau herrührenden Außenmauern an der Georgenstraße mit den wartenden Chauffeuren. Unten eine Nachtaufnahme der Schnellzuglokomotive 17 1177, die dem Fotografen Fritz Eschen 1930 am Anhalter Bahnhof gelungen ist.

ARETT TANZ
Barberina
JOSETTI

CIGARREN
TEO
Zigaretten
NEUMANN

Treffpunkt an der Normaluhr

Glaubt man den Erzählungen älterer Berliner, dann hat jeder Einwohner der alten Reichshauptstadt vor dem Krieg einmal ein Stelldichein „unter der Brücke der Hardenbergstraße am Bahnhof Zoo" gehabt. Schon 1928 war dieser Treffpunkt so bekannt, daß Fotografen ihn auf die Platte bannten (Bild links unten). Auf der Brücke war immerwährender Eisenbahnbetrieb, rollten die Züge in kurzen Abständen: täglich 123 Fernzüge und 1013 Stadtbahnzüge schon 1930. Da die Stadtbahnbögen erst allmählich verstärkt wurden, konnten die modernen und schweren Reichsbahnlokomotiven hier zunächst nicht fahren; so blieb die Viaduktstrecke lange Zeit ein Reservat preußischer Maschinen (Bild links oben). Die Gesamtansicht des Hardenbergplatzes mit einer Straßenbahn der Linie 177 nach Teltow gibt die Bildpostkarte unten wieder.

Lokomotiven in Grunewald

Zu den Eigenheiten des Fernverkehrs auf der Berliner Stadtbahn gehörte es, daß die in Richtung Westen laufenden Züge vom Schlesischen Bahnhof mit Maschinen aus Karlshorst bespannt wurden, während für die Zugförderung von Charlottenburg in östlicher Richtung das Bahnbetriebswerk Grunewald zuständig war. Eine typische Grunewalder Maschine war die Schnellzuglok 17 1092, preußische Gattung S 10^1 der Bauart 1911, einst von Henschel unter der Fabriknummer 12 000 geliefert (Bild unten). Als 1933 die Lieferungen der leichten Einheits-Schnellzuglok 03 anliefen, übernahmen diese jungen Maschinen in Grunewald die Schnellzüge nach Bentschen und Schneidemühl von der S 10^1 bald. Ein weithin sichtbares Symbol des Betriebswerks Grunewald war sein vor dem Ersten Weltkrieg von Klönne gebauter Wasserturm (Bild links), dessen Sprengung um 1970 ein deutliches Zeichen für den Niedergang des Berliner Eisenbahnwesens bildete.

38 1087

17 076

Die Dampfrösser Berlins

In den Jahren um 1930, als die älteren Lokomotiven noch keine elektrische Beleuchtung besaßen, hat Werner Hubert diese drei charakteristischen Aufnahmen von Berliner Schnellzug- und Personenzugmaschinen eingefangen. Links zweimal das Bahnbetriebswerk Karlshorst mit der Lokomotive 38 1087 (Schwartzkopff 1909) oben und der Vierzylinderlok 17 076 (Schwartzkopff 1913) darunter. Sie fuhren Züge in Richtung Stendal und Hannover, während die Lokomotive 17 1161 (Henschel 1915) vom Bahnbetriebswerk Lehrter Bahnhof im Bild unten ihren Dienst auf der Strecke nach Wittenberge und Hamburg verrichtete. Auch sie mußten in den dreißiger Jahren die wichtigsten Züge an die Reihe 03 abgeben.

Bahnhofswirtschaft Neubabelsberg - Garten.

Neue Bahnhöfe der Reichsbahnzeit

Gleichzeitig mit der „Großen Stadtbahn-Elektrisierung" stellte die Reichsbahndirektion Berlin eine ganze Anzahl neuer Bahnhofsgebäude fertig, deren eigenwillige Formgebung noch heute überzeugt. Viele Entwürfe im Stil der Neuen Sachlichkeit und des Bauhauses hat der Architekt Richard Brademann bestimmt, dessen Handschrift auch die neuen Berliner Stellwerke und Unterwerke aufweisen. Der Neubau in Wannsee (Bild links oben) wurde als dritter Bahnhof dort im Sommer 1928 fertiggestellt. Wer einmal seinen achteckigen Kuppelraum mit den elf Fahrkartenschaltern für den Ausflugsverkehr durchschritten hat, wird diesen Eindruck so schnell nicht wieder vergessen. Auch das 1932 fertiggestellte Empfangsgebäude Neubabelsberg, das einen weiteren von der Wiener Weltausstellung 1878 hierher verpflanzten Pavillon ablöste, ist in rotem Verblendmauerwerk aufgeführt worden. Die Bahnhofswirtschaft (Bild links unten) ist mit großem Garten auf den Ausflugsverkehr der Berliner eingerichtet. Vor dem Haupteingang (Bild unten) ist bereits das am 1. Dezember 1930 eingeführte Symbol der „S-Bahn" (Schnellbahn) aufgebaut, das in Anlehnung an die altbekannte U-Bahn nun das Netz der Stadt-, Ring- und Vorortbahnen Berlins bezeichnen sollte. Die folgende Doppelseite zeigt den Bahnhof „Ausstellung" von 1928.

Frauen

Frauen

BAHNHOF AUSSTELLUNG

Vom „Bahnhof Ausstellung" zum Westkreuz

Am 10. Dezember 1928 wurde der neue Kreuzungsbahnhof „Ausstellung" im Schnittpunkt der Linien Spandau – Charlottenburg und Halensee – Westend in Betrieb genommen. Neu an diesem Turmbahnhof war die Ausrüstung mit elektrischen Rolltreppen. Werktags fuhren hier 800 Züge, sonntags über 1200 Züge durch. An guten Ausflugstagen im Jahre 1929 wechselten hier 120 000 Menschen den Zug. Das Bild links oben und die vorangegangene Doppelseite zeigen über den beiden Bahnsteigen der verlängerten Stadtbahngleise die kreuzende Ringbahn und das Turmstellwerk. Links unten die Straßenseite der Station, die 1932 in „Westkreuz" umbenannt wurde, weil das Ausstellungsgelände am Funkturm nicht in seine Richtung erweitert worden war. Im gleichen Stil ist der neue Bahnhof Eichkamp gebaut und am 23. August 1928 eröffnet worden. Die Aufnahme unten zeigt die Schnellzuglok 01 064 aus Hannover auf ihrem Weg nach Charlottenburg, wo die schwere Maschine vor dem Beginn der Stadtbahn abspannen mußte.

Müritz.
Bez Amt Wilmersdorf.
Warnemünde

HERMANNPL
24
Bahnhof.

Der Stettiner Bahnhof am ersten Ferientag

An der Fassade des Stettiner Bahnhofs in Berlin hatte sich bis 1933, als die links unten abgedruckte Postkarte verkauft worden ist, gegenüber den älteren Ansichten in diesem Album nur wenig geändert. Ein Bus der Linie 24 zum Hermannplatz und eine Straßenbahn der Linie 29 nach Buckow sind auf der Invalidenstraße zu sehen; nach links geht die Borsigstraße ab. „Um der großen Menge schnell und billig Gelegenheit zu geben, während der Ferienzeit Erholung zu suchen, läßt die Reichsbahn alljährlich zahlreiche Sonderzüge zu ermäßigten Preisen verkehren. Diese Ferienzüge werden mit wenig Aufenthalt über weite Strecken unmittelbar bis zu den Erholungsorten gefahren. Sie führen die 3. Wagenklasse und gewähren eine Fahrpreisermäßigung von 10 v. H.“, lautet der Reichsbahn-Text zur Aufnahme vom Stettiner Bahnhof links oben. Das Netz der Berliner S-Bahn nach dem Stand vom April 1931 stellt der unten abgedruckte Plan vor. Nicht alle Linien wurden im elektrischen Betrieb befahren.

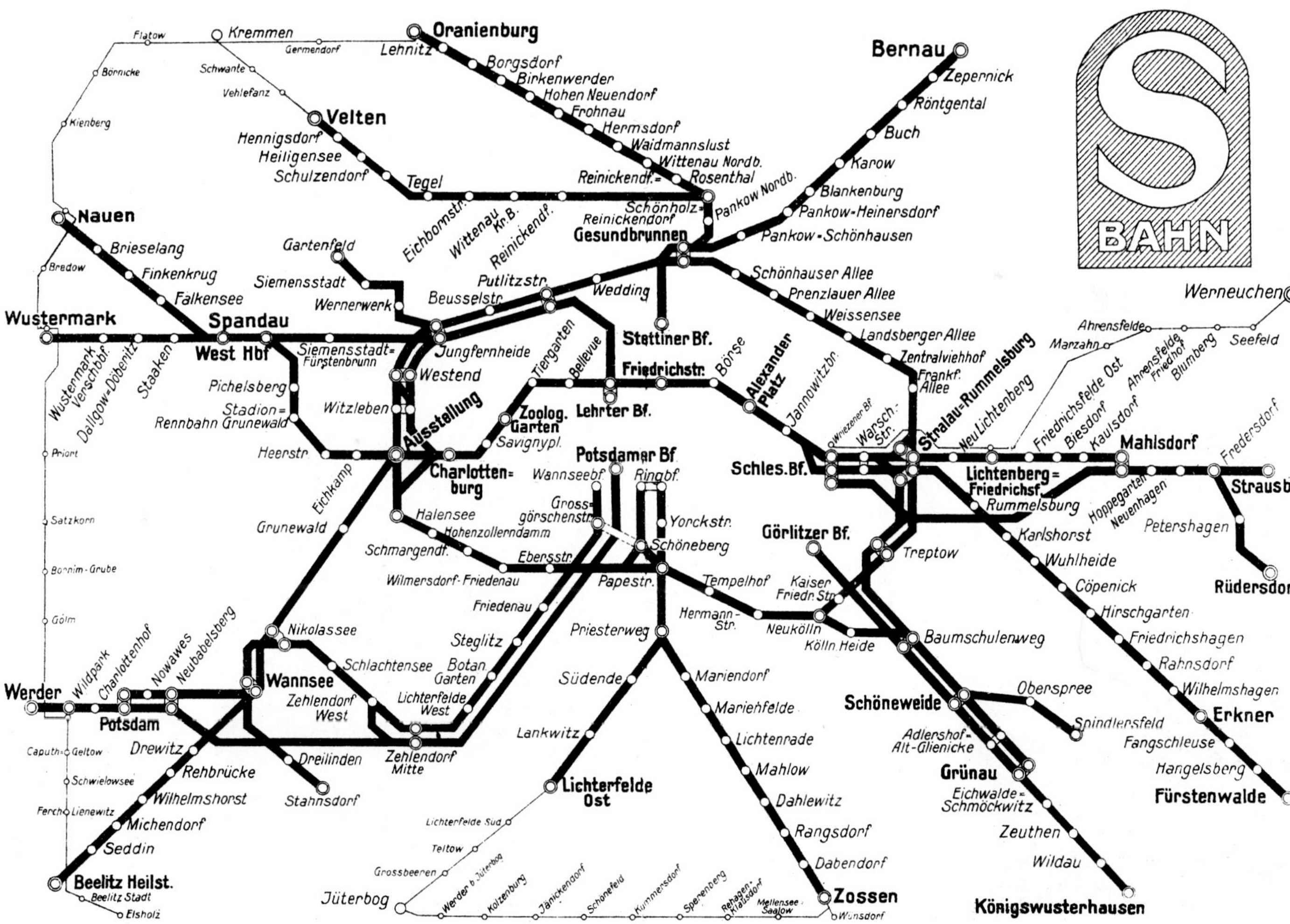

Am Potsdamer Bahnhof

Abermals drei Bilder des Berliner Fotografen Friedrich Seidenstücker, die 1930 entstanden sind. Links der eindrucksvolle Blick von der Hochbahnstrecke Bülowstraße – Gleisdreieck auf die Dächer von abgestellten Personenwagen am Potsdamer Bahnhof mit den vielfältigen Lüftern und Leuchten. Zahlreich sind die paarweise kurzgekuppelten Abteilwagen für den Verkehr auf Stadt-, Ring- und Vorortbahn vertreten. Zwei Eisenbahnarbeiter vor dem Gepäckwagen mit Hundeabteil und zwei Reisende beim Zeitungskauf vor der Abfahrt vom Anhalter Bahnhof zeigen die Porträts dieser Seite.

Schnellzug vom Anhalter Bahnhof

Während die Aufnahme rechts die Beladung eines Mitropa-Speisewagens mit Proviant am Bahnsteig zeigt, ist unten die Ausfahrt des Schnellzuges aus der Halle des Anhalter Bahnhofs zu verfolgen.

Achtung!
Hochspannung
214
MITROP

Der „Sachsenstolz" in Berlin

Schon frühzeitig hatten sich die Eisenbahnverwaltungen Preußens und Sachsens darauf geeinigt, daß die beiden Schnellzüge zwischen Berlin und Dresden mit durchgehender Bespannung gefahren werden sollten, während die übrigen Züge an der Landesgrenze bei Elsterwerda die Lokomotiven wechseln mußten. Jede Verwaltung übernahm die Traktion eines solchen Schnellzugpaares, so daß man am Anhalter Bahnhof täglich sächsische Maschinen sehen konnte – auch noch zur Reichsbahnzeit. Zumeist waren es die Dreizylinderloks der Gattung XVIII H, nun Reihe 18^0, die hier eingesetzt waren. Oben die berühmte Ansichtskarten-Stelle am Landwehrkanal mit dem neuen Stellwerk „Abf" von Brademann, einer neuen Kanalbrücke und der ausfahrenden Lokomotive 18 003 von Hartmann in Chemnitz, rechts ihre Schwestermaschine 18 006 mit einem Sechswagen-Schnellzug an der Monumentenbrücke in Kreuzberg auf dem Weg nach Dresden.

18 005

17 716

18 001

Draußen bei Südende

Im Süden Berlins an der Dresdener und an der Anhalter Bahn hat der Fotograf des Jahres 1928 seinen Apparat aufgebaut, dem wir die Lokomotivbilder dieser Doppelseite verdanken. Oben links eine sächsische Schnellzugmaschine der Reihe XII HV, die 1912 gebaute 17 716 aus dem Betriebswerk Dresden-Altstadt, die einen langen Eilzug bei Mariendorf daherschleppt. Links unten vor dem Schnellzug mit Speisewagen ist es die Maschine 18 001, die den Kilometerstein 12 bei Lichterfelde-Süd passiert. Auch die preußische Mehrzwecklokomotive 39 247, die 1926 von Krupp gebaut worden ist, hat im Mai 1928 den Anhalter Bahnhof in Berlin angefahren (Bild unten). Diese P 10-Maschine war damals in Halle an der Saale stationiert.

Der Sonntagsausflug

Welche Sonntagsrückfahrkarten mit besonderer Ermäßigung die Deutsche Reichsbahn 1930 zur Belebung des Ausflugsverkehrs anbot, zeigt die Karte aus dem Reisebüro Wertheim rechts. Die durchbrochenen Linien geben an, welche Bahnhöfe wahlweise benutzt werden konnten, und zeigen damit auch typische Wanderungen auf. In der 3. Wagenklasse kostete damals eine solche Fahrkarte vom Anhalter Bahnhof nach Dresden 9,60 RM und nach Jüterbogk 3,40 RM, während von der Stadtbahn nach Wörlitz 8,00 RM und vom Görlitzer Bahnhof nach Lübbenau 4,60 RM zu entrichten waren. Die Aufnahme unten führt uns nochmals an die Strecke bei Lichterfelde-Süd. Im Februar 1928 war die Schnellzuglokomotive 01 014 von Borsig als erste ihres Stammes dem Betriebswerk Anhalter Bahnhof zugeteilt worden, und dort war sie auch bis in den Krieg hinein beheimatet.

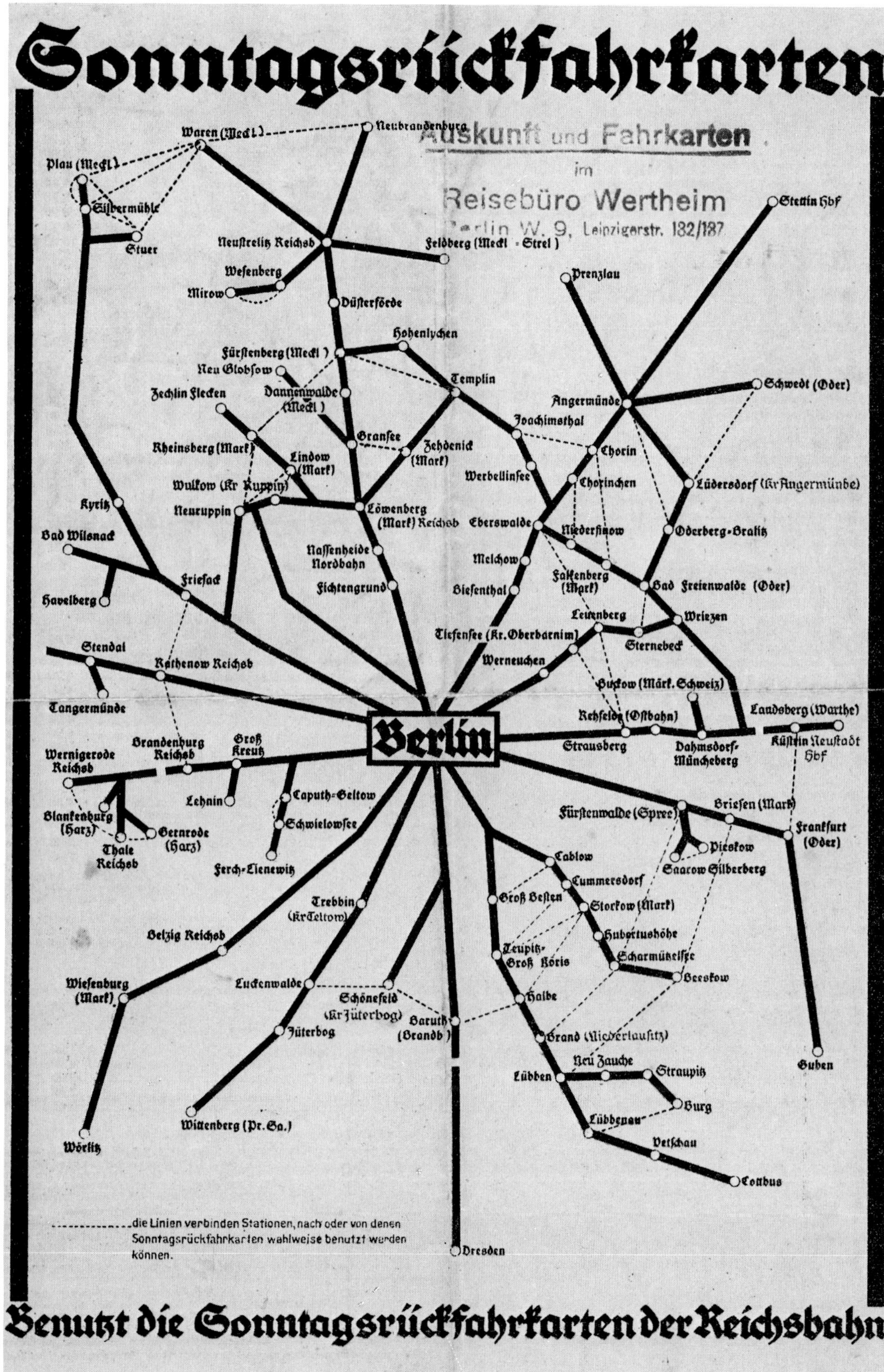
Sonntagsrückfahrkarten
Auskunft und Fahrkarten
im
Reisebüro Wertheim
Berlin W. 9, Leipzigerstr. 182/187
Berlin
Waren (Meckl.)
Neubrandenburg
Plau (Meckl.)
Silbermühle
Stuer
Neustrelitz Reichsb
Feldberg (Meckl.-Strel.)
Stettin Hbf
Prenzlau
Wesenberg
Mirow
Düsterförde
Hohenlychen
Fürstenberg (Meckl.)
Neu Globsow
Templin
Zechlin Flecken
Dannenwalde (Meckl.)
Angermünde
Schwedt (Oder)
Joachimsthal
Rheinsberg (Mark)
Lindow (Mark)
Gransee
Zehdenick (Mark)
Chorin
Werbellinsee
Wulkow (Kr. Ruppin)
Chorinchen
Lüdersdorf (Kr. Angermünde)
Kyritz
Neuruppin
Löwenberg (Mark) Reichsb
Eberswalde
Niederfinow
Oderberg-Bralitz
Bad Wilsnack
Nassenheide Nordbahn
Melchow
Falkenberg (Mark)
Bad Freienwalde (Oder)
Havelberg
Friesack
Fichtengrund
Biesenthal
Leuenberg
Wriezen
Tiefensee (Kr. Oberbarnim)
Sternebeck
Stendal
Rathenow Reichsb
Werneuchen
Buckow (Märk. Schweiz)
Tangermünde
Rehfelde (Ostbahn)
Landsberg (Warthe)
Wernigerode Reichsb
Brandenburg Reichsb
Groß Kreutz
Strausberg
Dahmsdorf-Müncheberg
Küstrin Neustadt Hbf
Lehnin
Caputh-Geltow
Fürstenwalde (Spree)
Briesen (Mark)
Blankenburg (Harz)
Schwielowsee
Frankfurt (Oder)
Thale Reichsb
Gernrode (Harz)
Pieskow
Ferch-Lienewitz
Cablow
Saarow Silberberg
Cummersdorf
Groß Besten
Storkow (Mark)
Trebbin (Kr. Teltow)
Hubertushöhe
Belzig Reichsb
Teupitz-Groß Köris
Scharmützelsee
Beeskow
Wiesenburg (Mark)
Luckenwalde
Schönefeld (Kr. Jüterbog)
Halbe
Baruth (Brandb.)
Jüterbog
Brand (Niederlausitz)
Neu Zauche
Straupitz
Guben
Lübben
Burg
Wittenberg (Pr. Sa.)
Lübbenau
Vetschau
Wörlitz
Cottbus
Dresden
-------------- die Linien verbinden Stationen, nach oder von denen Sonntagsrückfahrkarten wahlweise benutzt werden können.
Benutzt die Sonntagsrückfahrkarten der Reichsbahn

Erste Fahrt des Riviera-Neapel-Expreß

Der neue Riviera-Neapel-Expreß hat gestern seine Jungfernfahrt angetreten. Pünktlich um zwölf Uhr dreiundfünfzig Minuten hat er Berlin vom Anhalter Bahnhof aus zu seiner ersten Reise nach dem Süden verlassen. Außer den Fahrgästen, die diesmal im wirklichen Sinne des Wortes Gäste sind, hatten sich zahlreiche Schaulustige auf dem Bahnsteig eingefunden.

Schon etwa eine Stunde vor Abfahrt des Zuges standen die Wagen in der Halle des Anhalter Bahnhofes bereit. Der Expreß besteht aus zwei

Im Speisewagen des neuen Luxuszuges.

Gepäckwagen, einem Speisewagen und vier Schlafwagen. Alle Waggons sind einheitlich in dunkelblauer, mit gelben Streifen abgesetzter Farbe gehalten und tragen an den Außenwänden Schilder mit der Aufschrift Riviera—Napoli-Expreß.

An der Fahrt nehmen Beamte der Deutschen Reichsbahngesellschaft, der Schweizer Bundesbahnen, der Niederländischen Eisenbahnen, der Internationalen Schlafwagengesellschaft, die den Zug betreibt, und zahlreiche Pressevertreter teil. Etwa eine Viertelstunde vor der Abfahrt des Zuges erschien der Generaldirektor der Deutschen Reichsbahngesellschaft, Dr. Dorpmüller, der auf dem Bahnsteig den Generaldirektor Margot begrüßte und ihm und seinen Gästen eine glückliche Reise wünschte.

★

Gegen ½12 Uhr war bereits die Lokomotive an den Zug gekoppelt worden, eine der schnellsten Maschinen, die wir in Deutschland haben und die zum Bereich der Reichsbahndirektion Berlin gehört. Sie kann 120 Kilometer Stundengeschwindigkeit erreichen. Nur selten einmal fährt jedoch der Zug mit einer Geschwindigkeit von etwa 100 Kilometern. Drei Minuten vor Abgang des Expreßzuges in Berlin verließ ein Teil dieses neuen Zuges die holländische Stadt Amsterdam. Dieser Teil erreicht den Expreß in Mannheim abends um 9 Uhr. Von da geht es über Karlsruhe, Basel, Luzern, Lugano, Chiasso nach Mailand, das morgens früh um 7.40 Uhr erreicht wird, von wo ein Teil nach Neapel über Bologna, Florenz und Rom abzweigt, der in Neapel um 20.15 Uhr abends eintrifft, während der andere Teil über Genua, Ventimiglia, Nizza nach Cannes fährt, wo er um 17.35 Uhr abends ankommt.

Der Expreßzug verkehrt wöchentlich dreimal, und zwar ab Berlin und Amsterdam Dienstag, Donnerstag und Sonnabend, ab Neapel und Cannes Dienstag, Donnerstag und Sonntag.

Der „Riviera-Neapel-Express"

Besonderen Glanz brachte in den Jahren der Wirtschaftskrise ein Luxuszug der Internationalen Schlafwagengesellschaft auf den Anhalter Bahnhof, der aber nur während des Winterfahrplans im Einsatz war. Der Zeitungsbericht links ist nach seiner Jungfernfahrt am 3. Januar 1931 erschienen, und auch das Bild unten ist damals entstanden. Es zeigt den blauen Zug mit den goldenen Lettern unter der Hochbahnbrücke am Landwehrkanal beim Passieren des neuen Stellwerks „Abf". Bis nach Neapel mußte der Bahnreisende 2140 km im Kurswagen zurücklegen.

Spandau W
93 207

Vorbote des Schnellverkehrs: der Schienenzeppelin

Die Steigerung ihrer Fahrgeschwindigkeit war für alle europäischen Eisenbahnen um 1930 bittere Notwendigkeit geworden, denn allmählich wurde der Wettbewerb durch den Kraftwagen spürbar. Viele Überlegungen gingen dahin, anstelle der schweren Züge herkömmlicher Art leichte Triebwagen häufiger fahren zu lassen. Mit Ideen aus dem Luftschiffbau versuchte Franz Kruckenberg, den Propellerantrieb auf der Schiene anzuwenden. Bei einer Fahrt zwischen Bergedorf bei Hamburg und Spandau vor Berlin erreichte sein „Schienenzepp“ am 21. Juni 1931 das sagenhafte Tempo von 231 km/h. Links oben die Ankunft in Spandau an jenem Sonntagmorgen, darunter die Ausstellung des Wagens für die neugierigen Berliner im Bahnhof Heerstraße. Die Reichsbahn selbst baute einen zweiteiligen Dieseltriebwagen mit elektrischer Kraftübertragung, den später so genannten „Fliegenden Hamburger“. Er nahm seine Probefahrten zwischen dem Lehrter Bahnhof und Altona im Dezember 1932 auf; seine Inspektion durch Reichsbahn-Generaldirektor Dorpmüller zeigt das Bild unten.

Kein rollender Zug, sondern der Einsturz einer Bahnbaustelle ist das Leitbild zum nächsten Abschnitt des Albums: Die Nordsüd-S-Bahn war als Arbeitsbeschaffungsprogramm 1933 in Angriff genommen worden. Beim Einsturz der Baugrube neben dem Brandenburger Tor am 20. August 1935 wurden 19 Bauarbeiter getötet. Niemand weiß genau, wieviele Menschen starben, als dieser Tunnel nach seiner Sprengung am Landwehrkanal durch die SS am 2. Mai 1945 mit Wasser vollgelaufen war.

5. Kapitel

Berlins Eisenbahnen in den dreißiger Jahren (1933–1939)

Viele Planungen und Vorbereitungen der Ära des Reichskanzlers Brüning fielen 1933 der Regierung Hitlers in den Schoß: der „Fliegende Hamburger" vom Lehrter Bahnhof an die Elbe und die Elektrifizierung der Wannseebahn wurden schon als Errungenschaften des neuen Systems gefeiert. Zu den ersten eigenen Schritten der Nationalsozialisten zählten der Bau einer Nordsüd-S-Bahn als Arbeitsbeschaffungsmaßnahme und der perfekt organisierte Massenverkehr während der Olympischen Spiele 1936, den man aller Welt noch als technischen Fortschritt verkaufen konnte. Doch gleichzeitig begannen die Planungen Speers zum Abriß von Bahnhöfen und Wohnhäusern in Berlin für eine gigantische Nordsüd-Achse, die von zwei neuen Riesenbahnhöfen an der Ringbahn begrenzt werden sollte.

Im „Reichsbahn-Kalender" für 1937 ist die folgende Zusammenstellung der Verkehrsleistungen im Berlin der Vorkriegszeit erschienen: „Der Bezirk der Reichsbahndirektion Berlin erhält sein Gepräge dadurch, daß die Hauptstadt des Deutschen Reiches zugleich Deutschlands größte Industriestadt ist. Etwa 4,2 Millionen Menschen wohnen hier auf gedrängtem Raum. Der Personenverkehr ist daher überwiegend Berufs- und Geschäftsverkehr, der sich zum größten Teil auf den Strecken der – meist elektrisch betriebenen – Berliner Stadt-, Ring- und Vorortbahn, der S-Bahn, abwickelt. Diese Verkehrsart wird durch den Lauf des Jahres in geringem Umfange beeinflußt. Dazu kommt aber an den Sonn- und Festtagen ein reger Ausflugsverkehr, der allerdings stark vom Wetter abhängig ist. So brachte der September 1935 mit seinen schönen Nachsommertagen den Höchstverkehr mit mehr als 38,9 Millionen Reisenden, d. h. über 18% mehr als der verkehrsschwächste Monat Februar mit 32,8 Millionen Reisenden. 1936 brachte der August, der Olympiamonat, mit annähernd 48,8 Millionen Reisenden eine neue absolute Höchstleistung. Mit der Millionenstadt Berlin als Mittelpunkt hat der Bezirk im Fernreiseverkehr bedeutende Aufgaben. Da es sich hierbei überwiegend um Erholungs- und Besuchsreisen handelt, sind die Schwankungen im Jahreslauf recht beträchtlich. Im Fernverkehr erreichte der Juni 1935 mit 775 600 Reisenden den Höchststand gegenüber 336 300 Reisenden im schwächsten Monat November. Der Sonderzugverkehr ist während der Monate Juni, Juli und August weit stärker als in den übrigen Monaten. Im Güterverkehr liegt der jahreszeitliche Tiefstand regelmäßig im Februar, in der geschäftsstillen Zwischensaison (1935: 1,75 Millionen t), während der Höchststand im Herbst, in der Zeit der Vorratsbeschaffungen und Voreindeckung für das Weihnachtsgeschäft (Oktober 1935: 2,56 Millionen t), erreicht wird."

ARBERINA
Zahnpaste
U
BAHNHOF
ZOO
BHF. ZOO
CIGARREN
Vorsicht
Baustelle

Auf der westlichen Stadtbahn

Die Hakenkreuzfahne über dem Bahnhof Zoologischer Garten zeigt, daß die Abbildung links oben nach 1933 entstanden ist. Besonders ausgeprägt war diese Beflaggung 1936, im Jahr der Olympischen Spiele in Berlin. Da hatte der alte Bahnhof Zoo von 1882/84 aber endgültig ausgedient und wurde abgerissen, um dem heute noch vorhandenen Bau Platz zu machen. Im Sommer 1936 war die neue Stadtbahnhalle am Zoo nutzbar, 1939 die neue viergleisige Fernbahnhalle des Architekten Hane fertiggestellt. Die Aufnahme darunter zeigt den Bahnhof Charlottenburg, gleichfalls um 1933. Einen Blick auf den Bahnsteig dort gibt das Bild unten: der Schnelltriebwagen „877 a/b“ steht bereit zu einer Probefahrt mit 160 km/h in Richtung Westen, um die Fahrzeiten für den ab 1935 einzulegenden „Fliegenden Kölner“ praktisch zu überprüfen. Links sind die beiden Bahnsteige der S-Bahn zu sehen.

Neue Züge für die Berliner S-Bahn

Auch die eiserne Halle des Bahnhofs Bellevue, den die um 1935 entstandene Postkarte oben zeigt, mußte in den frühen dreißiger Jahren saniert werden. Dabei ist der alte Schmuck teilweise entfernt worden, und auch das Dach hat statt der querliegenden Raupenoberlichter nun ein durchgehendes Satteloberlicht erhalten. Vergleicht man den Blick über die Flensburger Straße mit der Ansicht auf Seite 49, dann fallen auch ein neues Bahnsteigdach und das S-Bahn-Symbol auf. Um die Attraktivität dieses Verkehrsmittels zu steigern, baute Orenstein & Koppel 1934 den rechts im Spandauer Werk dargestellten Prototyp der „Bankierzüge“ (ET 125). Dafür hatte die Reichsbahn 1933 bei Elektrifizierung der Wannseebahn auch die Ferngleise der Potsdamer Stammbahn mit Stromschiene ausgerüstet, um diese schnellen Züge vom Potsdamer Fernbahnhof bis Zehlendorf ohne Halt mit 120 km/h durchfahren zu lassen, ehe sie auf die alte Wannseebahn abbogen. Solche Läufe hatte es auch zu Zeiten des Dampfbetriebs unter diesem Namen schon gegeben. Auf den Probezug, der leicht an den zweifachen Lampensätzen zu erkennen ist, folgten 1936 weitere 10 und 1938 nochmals 4 Viertelzüge dieses Typs.

Züge und Sonderzüge

Der Aushangfahrplan „Abfahrt der Züge von den Berliner Fernbahnhöfen“ auf der Seite rechts wurde ab Oktober 1934 in Berlin angeklebt. Er läßt die starke Belastung von Stadtbahn, Anhalter und Stettiner Bahnhof erkennen, während Potsdamer, Görlitzer und Lehrter Bahnhof mit weniger Abfahrten belegt sind. Eine Fülle von Sonderzügen zu den Reichsparteitagen und ähnlichen Ereignissen kam ab 1933 hinzu, außerdem die von der Partei organisierten „KdF-Züge“. Diese Fahrten der „Gemeinschaft Kraft durch Freude“ sollten durch günstige Preise locken und überzeugen; sie wurden durch einen „Urlauber-Appell“ vorher und ein „Wiedersehenstreffen“ nachher propagandistisch umrahmt. Auch Wochenendfahrten dieser Art wurden angeboten. Unten der Umschlag zum Reisegutscheinheft für eine Fahrt von Berlin nach Pfronten im Allgäu im Sommer 1938.

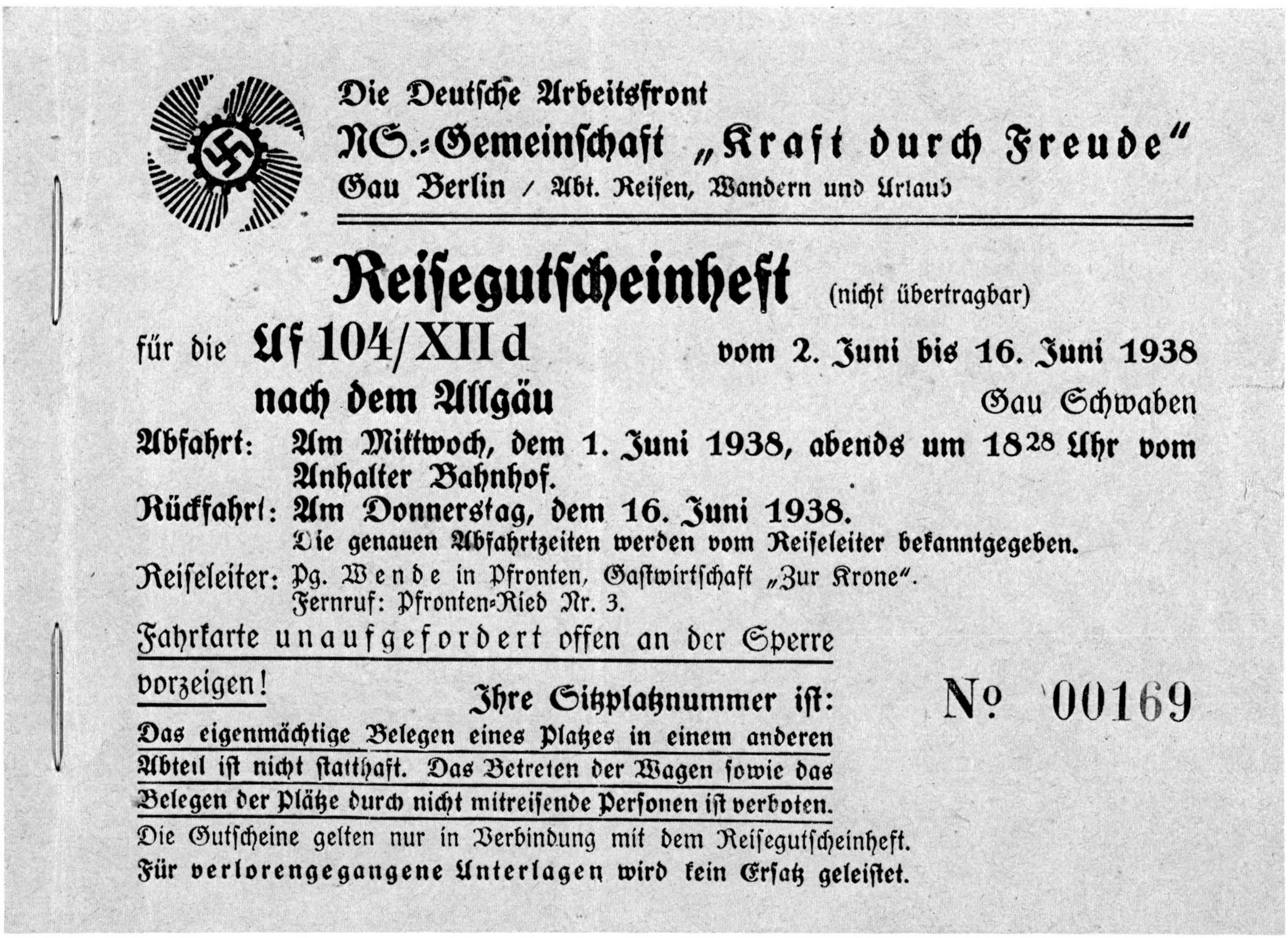

Die Deutsche Arbeitsfront
NS.-Gemeinschaft „Kraft durch Freude“
Gau Berlin / Abt. Reisen, Wandern und Urlaub

Reisegutscheinheft (nicht übertragbar)

für die Uf 104/XII d vom 2. Juni bis 16. Juni 1938
nach dem Allgäu Gau Schwaben

Abfahrt: Am Mittwoch, dem 1. Juni 1938, abends um 18^28^ Uhr vom Anhalter Bahnhof.

Rückfahrt: Am Donnerstag, dem 16. Juni 1938.
Die genauen Abfahrtzeiten werden vom Reiseleiter bekanntgegeben.

Reiseleiter: Pg. Wende in Pfronten, Gastwirtschaft „Zur Krone“.
Fernruf: Pfronten-Ried Nr. 3.

Fahrkarte unaufgefordert offen an der Sperre vorzeigen!

Ihre Sitzplatznummer ist:

№ 00169

Das eigenmächtige Belegen eines Platzes in einem anderen Abteil ist nicht statthaft. Das Betreten der Wagen sowie das Belegen der Plätze durch nicht mitreisende Personen ist verboten.

Die Gutscheine gelten nur in Verbindung mit dem Reisegutscheinheft.
Für verlorengegangene Unterlagen wird kein Ersatz geleistet.

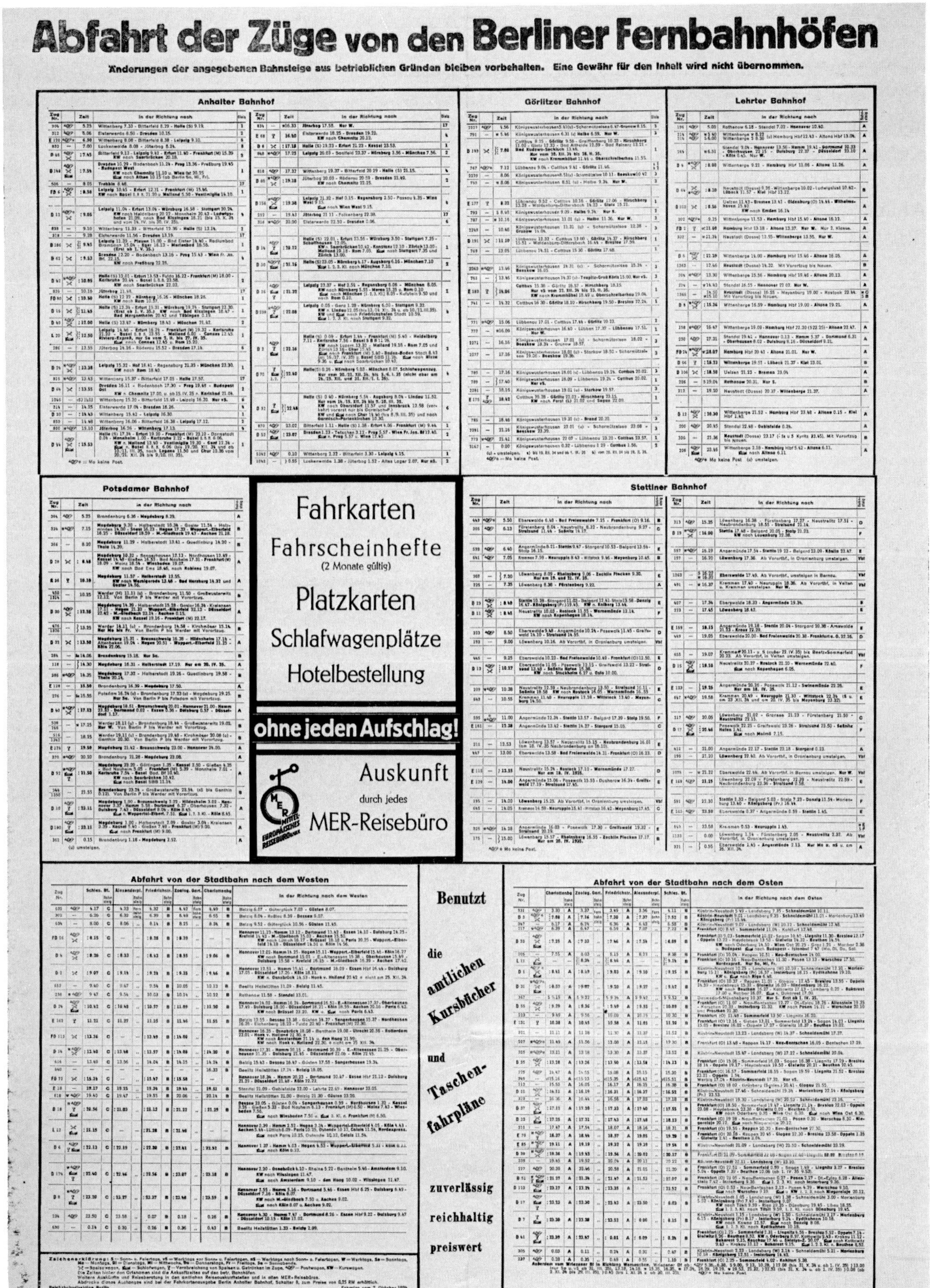
Abfahrt der Züge von den Berliner Fernbahnhöfen

Änderungen der angegebenen Bahnsteige aus betrieblichen Gründen bleiben vorbehalten. Eine Gewähr für den Inhalt wird nicht übernommen.

Anhalter Bahnhof

Görlitzer Bahnhof

Lehrter Bahnhof

Potsdamer Bahnhof

Fahrkarten
Fahrscheinhefte
(2 Monate gültig)
Platzkarten
Schlafwagenplätze
Hotelbestellung

ohne jeden Aufschlag!

Auskunft
durch jedes
MER-Reisebüro

Stettiner Bahnhof

Abfahrt von der Stadtbahn nach dem Westen

Benutzt
die
amtlichen
Kursbücher
und
Taschen-
fahrpläne
zuverlässig
reichhaltig
preiswert

Abfahrt von der Stadtbahn nach dem Osten

Fahrplan vom 7. Oktober 1934

Herausgegeben von der Reichsbahndirektion Berlin

Abfahrtbereit am Potsdamer Bahnhof

Nur schemenhaft ist in der Nachtaufnahme des Potsdamer Platzes zwischen dem Hotel Fürstenhof, dem Haus Vaterland, dem Verkehrsturm und dem Pschorrhaus auch der Potsdamer Bahnhof zu erkennen. Die Ansichtskarte unten ist 1936 versandt worden. Rechts zwei freundlichere Aufnahmen von diesem Ort, nämlich oben die abfahrbereite Schnellzuglok 01 041 aus Braunschweig im Fernbahnhof vor der Halle des Wannseebahnhofs, darunter die Tenderlok 74 1233 am Potsdamer Vorortbahnhof mit einem Zug nach Mahlow, Rangsdorf oder Zossen auf der Dresdener Bahn. Diese Strecke wurde erst 1939/40 auf elektrischen Betrieb umgestellt. Hinter der T 12-Maschine mit dem dicken Turbogenerator für die Zugbeleuchtung sind der Wasserturm am Hafenplatz und die Reichsbahndirektion am Schöneberger Ufer zu erblicken.

Hildebran
Mahlow
Rangsdorf

FEUERBACHSTRASSE
SAROTTI
Friedenau - Steglitz. S-Bahnhof Feuerbachstr.

Neue Bahnhöfe der Wannseebahn

Wie schon bei der Umstellung von Stadt- und Ringbahn auf elektrischen Betrieb, so wurden auch bei der Elektrifizierung der Wannseebahn mehrere alte Empfangsgebäude ersetzt und neue Stationen eingerichtet. Zwischen Friedenau und Steglitz kam damals der Bahnhof Feuerbachstraße (Bild links oben) neu hinzu, und auch der Kreuzungsbahnhof Schöneberg ist 1933 neu erbaut worden. Dieser frühe Stahlsprossenbau ist ein direkter Vorläufer des zweiten Bahnhofs am Zoologischen Garten, der zwischen 1934 und 1940 aufgeführt worden ist. Links unten sehen wir die obere Halle in Schöneberg für die Ringbahn mit den außenliegenden Gütergleisen, auf dieser Seite werfen wir einen Blick auf den Ringbahnsteig mit seinen zeittypischen Schildern, Buden und Leuchten. Der Bahnsteig der Wannseebahn lag eine Etage tiefer.

3.Kl.Nichtraucher
3.Kl.Nichtraucher
3.Kl.Nichtraucher
4 508
Dienstabteil
Gew d W 39.41

Neue „Bankierzüge"

Im Jahre 1936 wurde, wie auf Seite 200 schon gesagt, eine Serie von zehn weiteren Viertelzügen für den Schnellverkehr auf den Potsdamer Ferngleisen und der „alten Wannseebahn" gebaut. Die Fahrzeugfront war etwas verändert; Spitzenlicht und Schlußlicht saßen nun in einem Gehäuse. Kennzeichen aller „Bankierzüge" war die zusätzliche Führerstandstür, die nach dem Kriege aber entfernt worden ist. Von den Wagen dieser Lieferung, die abermals Orenstein & Koppel (Triebwagen) und Wegmann & Co (Beiwagen) herstellten, waren die Fahrzeuge 4511 bis 4514 sogar für 140 km/h Höchstgeschwindigkeit ausgelegt. Die Werkfotos zeigen den Kopf des Wagens 4508 (später ET 125 008) und seine Innenausstattung mit Holzbänken in der 3. Klasse.

Neue Bahnhöfe am Südring

Zwei wichtige Umsteigepunkte zwischen der Ringbahn und der Untergrundbahn wurden am Ende der zwanziger Jahre im Süden Berlins eingerichtet. Die Ansichtskarten aus der Zeit um 1935 zeigen unten den Bahnhof Tempelhof mit einem elektrischen Ringbahnzug, einem dampfenden Güterzug, der Straßenbahnlinie 99 aus Richtung Lichtenrade und links mit dem Eingang zum Ende 1929 eröffneten Untergrundbahnhof, rechts oben dagegen den Ringbahnhof Neukölln an der Bergstraße. Die dortige Endstation der Nordsüd-Untergrundbahn ist bereits im April 1926 dem Verkehr übergeben worden. Der markante Klinkerbau an der Ecke zur Saalestraße ist ein Werk des Architekten Alfred Grenander von der Nordsüdbahn-AG in enger Abstimmung mit der Reichsbahn. Aus einer ganz anderen Zeit stammt der Eingang zum Berliner Bahnhof der Neukölln-Mittenwalder Eisenbahn, der am Bahnhof Hermannstraße zu finden war: rechts unten ein Bild des Jahrhundertwende-Pavillons aus dem Jahre 1936.

SCHOKOLADE
ZIGARREN

Neukölln Mittenwalder
Eisenbahn

Die privaten Bahnen

Von den drei Eisenbahnen im Berliner Raum, die nicht der Reichsbahn gehörten, führte allein die Neukölln-Mittenwalder in die Stadt herein; die Niederbarnimer Eisenbahn und die Kleinbahn Bötzow – Spandau berührten nur die Außenbezirke. Die für Ausflüge in den Kreis Teltow beliebte Mittenwalder Bahn hatte aber auch Sand und Kies zu befördern und einige Dutzend Industrieanschlüsse zu bedienen. 1938 waren 10 Loks, 57 Personenwagen und 100 Güterwagen vorhanden. Die Aufnahme unten zeigt die von Borsig gebaute Lokomotive 4 vor einem Züglein nach Mittenwalde am Bahnhof Buckow. Daneben besaßen viele Fabriken in Berlin eigene Lokomotiven zum Einsatz auf ihren Anschlußbahnen: rechts oben die T 3-Maschine der Deutschen Industriewerke Spandau mit einem offenen Güterwagen, darunter das Dampfroß der Zehlendorfer Eisenbahn- und Hafen-AG beim Rangieren. Das gute Stück gehörte zu den 1904 von Henschel gebauten T 4-Lokomotiven und war über die Eutin-Lübecker Eisenbahn an den Teltowkanal gekommen. Aufnahmen 1937 von Horst Lochmann.

Das Borsig-Hochhaus in Tegel

Als eine architektonische Meisterleistung wurde 1924 das neue Verwaltungsgebäude der Borsigwerke von Eugen Schmohl gefeiert, denn es war das erste Hochhaus der ganzen Stadt. Imponierend war der Blick vom Gaswerk Tegel über das nun schon historische Borsig-Portal von 1898 auf das Riesenwerk, aus dem an vielen Stellen heller Rauch und Dampf als Zeichen der Geschäftigkeit hervorquillt, und aus dem sich dieser Turm erhebt. Wenige Jahre später kam die Firma in wirtschaftliche Schwierigkeiten und wurde zum überwiegenden Teil in den Rheinmetall-Konzern eingegliedert, während der Lokomotivbau an die AEG abgetreten wurde. Ab Januar 1930 firmierten der Lokomotivbau in Tegel und Hennigsdorf unter dem Traditionsnamen „Borsig-Lokomotivwerke GmbH", deren Fabrikschild auch die rechts abgebildete Stromlinienlokomotive 05 001 der Deutschen Reichsbahn trägt. Sie wurde im März 1935 als eine der letzten Dampfloks noch in Tegel fertiggestellt. Ihre Schwestermaschine 05 002 errang 1936 mit 200,4 km/h Höchstgeschwindigkeit das „Blaue Band der Schiene".

05 001

Bei Schwartzkopff in Wildau

Ein ähnlich eindrucksvolles Bild wie auf der vorhergehenden Seite boten die neuen Fabrikanlagen der Berliner Maschinenbau-AG, vormals Louis Schwartzkopff, die im September 1900 an der Berlin-Görlitzer Bahn in Betrieb genommen worden waren. Das Luftbild unten zeigt den Bahnhof Wildau und seitlich eine eigene „Arbeiterkolonie" aus 82 Wohnhäusern. Schon 1904 haben hier 1100 Beschäftigte fast 300 Lokomotiven gebaut. Hinter vielen Werkfotos von neuen Lokomotiven ist das von Witthöft errichtete Verwaltungsgebäude zu erblicken, so auch hinter der 1936 gebauten Schnellzugmaschine 03 271 mit der Fabriknummer 10 627 (Bild rechts oben). Besonders schön an den hier gebauten Lokomotiven war ihr Fabrikschild auf dem Zylinder mit einem Porträt Louis Schwartzkopffs, wie es auch die Reichsbahnmaschine 71 001 von 1934 mit der Nummer 10 261 trägt (Bild rechts unten).

03 271

Deutsche Reichsbahn
71 001

Neue Lokomotiven im Verkehrs- und Baumuseum

Zur Hundertjahrfeier der deutschen Eisenbahnen entschloß sich die Verwaltung zu einer Neugestaltung des Museums an der Invalidenstraße. Seit der letzten äußerlichen Veränderung durch die Aufstellung des Kriegerdenkmals von Emil Cauer d.J. im Jahre 1928 schien hier die Zeit stillzustehen (Bild rechts oben). Nun wurde im ehemaligen Hamburger Bahnhof die bisherige Ausbildungsstätte um zahlreiche historische Exponate erweitert, und erstmals nach 51 Jahren kam 1935 auch wieder eine leibhaftige Dampflokomotive in seine Mauern. Dazu hatte das Ausbesserungswerk Brandenburg-West die 1911 von Schwartzkopff in Wildau mit Fabriknummer 4760 gebaute Maschine 17 008, die frühere S 10 „Breslau 1008“, hergerichtet und teilweise aufgeschnitten (Bild unten). Eintrittskarten zu dem Museum sind rechts unten abgebildet.

Verkehrs- und Baumuseum
Invalidenstr. 50-51
23882
Eintrittskarte
5 Rpf.

Verkehrs- u. Baumuseum
Invalidenstr. 50/51
11 30 Uhr
Berechtigungskarte zur
Führung im Hofwagen
00440

Verkehrs- und Baumuseum
Invalidenstr. 50-51
12436
Eintrittskarte
10 Rpf.

In der großen Halle

Nach der Umstellung von 1935 präsentierte sich die Ausstellungshalle des Verkehrs- und Baumuseums klarer und aufgeräumter als zuvor. Der Triumphbogen war entfernt, die Wagenabteile hatten in einer Seitenhalle Platz gefunden. Das Bild unten zeigt den Zustand vom Sommer 1935, der aber ein Jahr später durch den Zugang der rechts oben dargestellten Tenderlokomotive der Gattung T 0 schon wieder etwas verändert wurde. Diese Antiquität war von Hermann Maey und Erhard Born bei der Konservenfabrik Raunheim in Hessen entdeckt und für das Museum geborgen worden. Darunter das damals modernste Modell, ein Windkanalmuster der Baureihe 05 von Seite 215, und eine Reklame für das Museum von 1939.

Besucht
das Verkehrs- und Bau-Museum
Das Museum ist geöffnet:
Sonntags von 11 bis 15 Uhr, dienstags, mittwochs, donnerstags, freitags, sonnabends von 10 bis 15 Uhr. (Montags ist das Museum geschlossen.)
An den ersten Feiertagen des Oster-, Pfingst- und Weihnachtsfestes, am Neujahrstag, Karfreitag, 1. Mai, Himmelfahrtstag, Bußtag und Totensonntag ist das Museum geschlossen. Am zweiten Oster-, Pfingst- und Weihnachtsfeiertag ist es wie an Sonntagen geöffnet. An dem Tage vor Ostern und Pfingsten sowie an dem Tage vor Weihnachten und Neujahr ist das Museum bis 13 Uhr geöffnet. (Wenn dieser Tag nicht auf einen Montag fällt.)
Eintrittspreis 10 Pfennig
für die Person. Kinder von 4 bis 14 Jahren in Begleitung Erwachsener zahlen 5 Pfennig.
Geschlossene Gruppen von Studierenden, Schülern, Soldaten, SS.- und SA.-Angehörigen und anderen in der Mindestzahl von 10 Personen unter Führung ihrer Lehrer zahlen ebenfalls 5 Pfennig für die Person. Der Lehrer bzw. Führer solcher Gruppen ist von der Zahlung des Eintrittsgeldes befreit.
Gewünschte Besichtigungen
in geschlossenen Gruppen sind 5 Tage vorher schriftlich oder durch Fernsprecher (35 05 50) anzumelden.
Berlin NW 40, Invalidenstraße 50-51
Verbindungen:
S-Bahn Lehrter Stadtbahnhof. Straßenbahn: Linien 6, 44 und 56

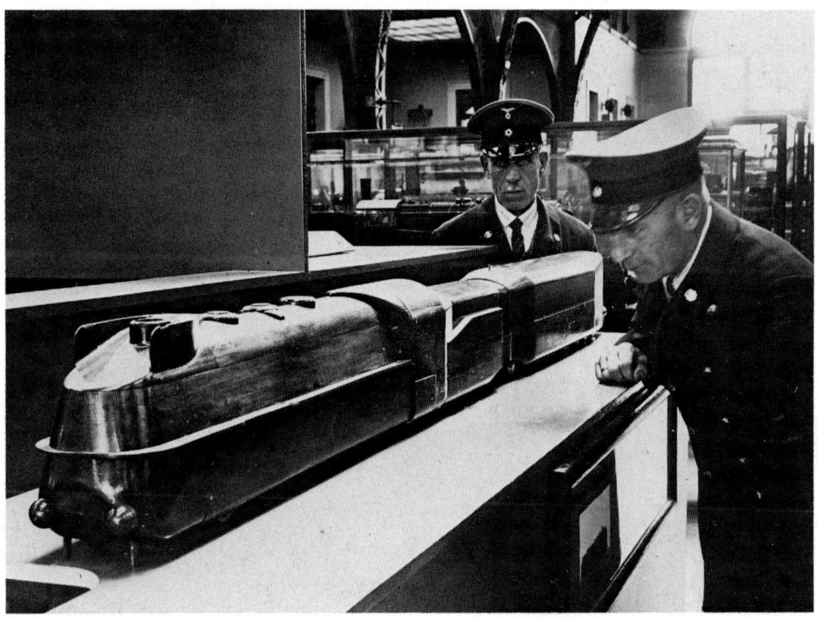

Sommerblumen am Funkturm
Berlin 1935

Lokomotiven im Sommergarten

Für die sonderbarsten Veranstaltungen hat der Sommergarten am Funkturm im Berliner Messegelände schon als Kulisse gedient. Die beiden Aufnahmen links illustrieren den Einsatz einer Liliputbahn aus dem Leipziger Volksgarten (oben) im Sommer 1935 und den Aufbau des Nürnberger Adler-Zuges während der Ausstellung „Deutschland“ im August 1936, als Berlin für die Gäste der Olympischen Spiele ausgeschmückt war (links unten). Zwei Jahre danach, zur Hundertjahrfeier der ersten preußischen Eisenbahn von Berlin nach Potsdam, war der nachgebaute „Adler“ abermals in Berlin: Ende September 1938 dampfte er in Vertretung der historischen Stephenson-Lokomotive von 1838 über die Stammbahn. Unten sein Bild vom Potsdamer Außenbahnhof mit dem Hochbahnviadukt. Viele Reichsbahnbeamte tragen das Parteiabzeichen am Revers.

Alt und neu am Lehrter Bahnhof

Nachdem der Schnelltriebwagen mit dem Namen „Fliegender Hamburger“ ab 1933 großen Erfolg gehabt hatte, beschaffte die Reichsbahn 1935 eine ganze Serie ähnlicher Wagen als „Typ Hamburg“, um damit ein Netz von Schnellverbindungen aufzubauen. Unten ist ein solcher Wagen am Lehrter Bahnhof zu sehen, dessen weiße Putzquaderung über dem Ziegelrohbau auch die Abbildung oben rechts wiedergibt. An diesem „Schloß unter Berlins Bahnhöfen“ war recht bemerkenswert, daß das riesige „Portal“ eigentlich keine Funktion hatte, weil der Reisende zur Abfahrt auf die Seite verwiesen wurde. Einen Blick auf zwei abfahrbereite P 8-Maschinen vor der Brücke der Invalidenstraße am Lehrter Bahnhof gewährt uns der Schnappschuß unten rechts. Die auf dem Bahnsteig gelagerten Zielschilder und Ersatzschläuche machen deutlich, daß der Vorortverkehr nach Spandau West, Wustermark und Nauen noch immer per Dampfzug abgewickelt wurde.

Lehrter Bahnhof
Abfahrt

Berlin Lehrter Bahnhof
Spandau West
Nauen
Wustermark
38 3417

17 1205

Reichstag und Lehrter Bahnhof

Es gehört zu den Sonderbarkeiten der deutschen Geschichte, daß die Ansichtskarte links unten mit dem unversehrten Reichstag auch 1938 immer wieder neu aufgelegt worden ist, obwohl der Bau durch seinen Brand 1933 großen Schaden genommen hatte. Im Hintergrund sind die Spree und der Humboldthafen mit dem alten Hamburger Bahnhof zu erkennen, links der Lehrter Fernbahnhof. Dort durchschneidet quer das Bild auch die Stadtbahn mit einem Dampfzug. Links oben das Bild der preußischen Schnellzuglok 17 1205 am Bahnsteig unter der Invalidenstraße, die schemenhaft hinter der ausfahrenden P 8-Maschine auch noch in der Fotografie von Herbert Treichel unten zu sehen ist. Viele seiner Aufnahmen sind in dieser Zeit der Spionagefurcht unter vorgehaltenem Mantel zustandegekommen, so auch diese Beobachtungen am Lehrter Bahnhof.

Lokomotiven in Spandau

Einen Fernpersonenzug oder Eilzug vom Lehrter Bahnhof nach Hamburg und Altona können wir im Bild unten betrachten, wie er am Bahnsteig in Spandau hält. Für die lange Strecke an die Elbe hatten mehrere P 8-Maschinen in Berlin den großen Tender der Schnellzugloks mit 31,5 m^3 Wasservorrat erhalten. Der Neuhaus-Bau des Empfangsgebäudes erscheint seit der Hochlegung der Gleise um 1906 etwas aus der Form geraten. Rechts oben sehen wir die typische Berliner Güterzuglokgattung T 14 für den Nahverkehr in Form der Maschine 93 164 in Spandau West, darunter die Maschine 56 2656 vor einem Eilgüterzug im Spandauer Güterbahnhof. Wer die abgestellten Abteilwagengarnituren im Hintergrund betrachtet, bekommt einen Begriff vom Massenverkehr in Berlin.

4 05 m
Achtung!
4 05 m

56 2656

03 155

Luxuszug 20 nach Cannes und Rom

Es war eine besonders am Anhalter Bahnhof verbreitete Angewohnheit der Schuppenleute in den Bahnbetriebswerken, daß sie auf einen Puffer der dienstbereiten Lokomotiven mit Kreide die Nummer des für sie vorgesehenen Zuges schrieben. So hieß die „20" im Bild links, daß die Lokomotive 03 155 aus Leipzig-West den „Riviera-Express" L 20 zu schleppen hatte, der nur samstags und in der Wintersaison verkehrte. Wer sich 1936 oder 1937 noch die Fahrkarte 1./2. Klasse zu dem „FD-Zug mit bes. Zuschlag" leisten konnte, der um 14.20 Uhr vom Bahnsteig 1 mit Schlafwagen nach Cannes und Rom auslief, dürfte einer Elite angehört haben. Unten noch einmal die Außenfront des Anhalter Bahnhofs in den dreißiger Jahren, als man sich bei der Reichsbahn bereits mit Stillegungsplänen trug.

Auf dem Bahnsteig im Anhalter Bahnhof

Alltagsbetrieb und Glanz der Schiene sind in diesen Aufnahmen vom Anhalter Bahnhof um 1935 versammelt. Unten steht abfahrbereit die preußische Mittelgebirgs-Schnellzuglok 39 105 vom Anhalter Betriebswerk mit einem Morgenzug, rechts oben ist es der Henschel-Wegmann-Zug mit der Stromlinien-Lokomotive 61 001 von Henschel, der den Abfahrauftrag in Richtung Dresden erwartet. Zweimal täglich pendelte diese Garnitur ab Sommer 1936 zwischen Spree und Elbe, doch häufig bespannten auch Lokomotiven der Reihe 01 den Salonwagenzug FD 53/54 und FD 57/58 zwischen Berlin und Dresden. Er war als Gegenstück zu den Diesel-Schnelltriebwagen entwickelt worden, von denen rechts unten der „Fliegende Fankfurter" gezeigt ist, der im Sommer 1935 den Betrieb aufnahm. Im folgenden Jahr liefen auch „Fliegende Züge" aus München und Stuttgart hier ein.

61 001

Versuche am Anhalter Güterbahnhof

Die Lage des Reichsbahn-Zehntralamts Berlin am Halleschen Ufer in Kreuzberg brachte es mit sich, daß mancherlei neue Entwicklungen dieser Konstruktionsstelle am nahegelegenen Anhalter Bahnhof erstmals ausprobiert wurden. So wurde der Straßenroller ab 1933 unter den Augen Johann Culemeyers am Freiladegleis des Anhalter Güterbahnhofs praxisreif gemacht (Bild unten), und auch ein wissenschaftlicher Vergleich von Naßdampflok und Heißdampflok im Verschiebedienst anhand der Baureihe 89 aus dem Büro Richard Paul Wagners fand 1935 hier statt (Bild rechts oben). Weniger aufregend war dagegen der Einsatz einer Tempelhofer Güterzuglok der Gattung G 8^3 mit der Nummer 56 125 im Süden Berlins, denn hier durften sogar Dienstanfänger feuern. Beide Bilder rechts hat Hans Bewilogua während seiner Ausbildung 1935 aufgenommen.

89 002

Mit der S-Bahn zum Reichssportfeld

Als in Berlin 1936 die Olympischen Spiele veranstaltet wurden, trachteten Staat und Staatsbahn danach, allen ausländischen Gästen den Eindruck von Fortschritt und perfekter Harmonie zu geben. Am Stadion von Werner March (Bild unten) war ein riesiger Bahnhof mit fünf Bahnsteigen angelegt worden, von dem binnen einer Stunde fünfzigtausend Menschen abtransportiert werden konnten. Die beeindrukkende Front von Schaltern und Sperren vor dem Zugang zum Stehplatz in einem „Olympiazug" der S-Bahn zeigt die Aufnahme rechts oben. Darunter ein Kuriosum, die eingleisige Strecke von Wannsee nach Stahnsdorf im Südwesten Berlins. Sie war 1912 zum Anschluß eines Friedhofs der Stadt Wilmersdorf unter Kiefern weit vor den Toren Berlins angelegt und im Juli 1928 auch elektrifiziert worden. Der abgebildete Stadtbahnzug fuhr 1936 nach Mahlsdorf; kurze Zeit zuvor war in Stahnsdorf der „Eisenbahnmaler" Hans Baluschek begraben worden.

FILME · POSTKARTEN

„Ausfahrt frei" am Bahnhof Friedrichstraße

Beim Anblick der hohen Kohlenberge, die auf den Tendern der beiden Schnellzuglokomotiven der Gattung S 10^1 geladen sind, kann man den Heizern der beiden Maschinen 17 1102 und 17 1093 seinen Respekt nicht versagen. Der Zug steht abfahrbereit an der Ostseite des Bahnhofs Friedrichstraße, und das Sicherheitsventil der Zuglok hat soeben angesprochen. Eine lange, anstrengende Fahrt in Richtung Schlesien steht nun bevor (Bild oben). Den Bahnhof selbst im „Flaggenschmuck" des Jahres 1936 zeigen die beiden Aufnahmen der rechten Seite: oben der Droschkenplatz an der Georgenstraße, darunter die Fernbahnhalle mit dem Blick in Richtung Westen.

U

Gleis
2

Friedrichstraße
Ausg
und Übergang
und nach Potsdamer Platz
Ausgang
R 1/13

Lokomotiven über der Friedrichstraße

Immer wieder zogen die wartenden Lokomotiven auf der Friedrichstraßen-Brücke die Blicke der Passanten auf sich. Im Bild unten fällt die neue Stahlbrücke, die im Zuge der Stadtbahnverstärkung eingebaut worden war, besonders ins Auge. Die Schnellzuglok 17 1101 war lange Jahre in Frankfurt an der Oder stationiert. Übrigens kam der Dreiachs-Doppeldeckerbus der Linie A 5 vom Stettiner Bahnhof und fuhr nach Zehlendorf. Links unten ein weiterer Blick auf die östliche Ausfahrt dieses Bahnhofs in Richtung Börse und Dom. Über der Charlottenstraße rollt ein moderner S-Bahn-Zug heran, wohl einer der ab 1936 beschafften „Olympiazüge". Links oben eine Bahnsteigszene in der Stadtbahnhalle am Ende der dreißiger Jahre, als man hier schon umsteigen konnte zur Nordsüd-S-Bahn in Richtung Potsdamer Platz.

Die neue Nordsüd-S-Bahn

Als eine gewaltige Arbeitsbeschaffungsmaßnahme wurde 1934 der nun schon drei Jahrzehnte alte Plan einer Verbindung zwischen den nördlichen und den südlichen Bahnhöfen Berlins durch eine unterirdische elektrische Bahn in die Tat umgesetzt; nun nach modernsten Gesichtspunkten. Als erster Abschnitt war die Strecke vom Stettiner Bahnhof bis zur Station „Unter den Linden“ am 28. Juli 1936 fertiggestellt. Das Bild unten zeigt die Ostseite des Stettiner Bahnhofs und den Eingang zum Tiefbahnhof an der Invalidenstraße. Dafür wurde der alte Stettiner Vorortbahnhof geschlossen. Wie es unter der Erde aussah, lassen die Bilder rechts erkennen. Sie zeigen die Tunnelbahnhöfe Unter den Linden und am Stettiner Bahnhof.

Unter den Linden

VORORT-BAHNHOF
P

Ankunft am Stettiner Bahnhof

Nur wenige Aufnahmen sind aus der Halle des Berliner „Ferienbahnhofs“ bekannt, wie der Stettiner Bahnhof liebevoll genannt wurde. Das Bild unten zeigt seine Beflaggung im Sommer 1936 und das Gedränge an der Sperre nach der Ankunft eines Fernzuges. Die Abfahrt eines anderen Zuges nach Stralsund ist schon angezeigt, und von hier konnte man auch nach Stolp in Pommern oder nach Rostock und Pasewalk reisen. Der kleine Stettiner Vorortbahnhof an der Westseite der großen Halle (links) wurde nach seiner Stilllegung 1936 dem dortigen Betriebswerk der S-Bahn zugeschlagen, dessen Aufgaben mit der Inbetriebnahme der Nordsüdstrecke weiter anwuchsen.

S
Bornholmer Straße

N.S. 49 7.

Bahnhof Bornholmer Straße

Zur besseren Bedienung des Berliner Nordens sind nach 1933 mehrere Bahnhöfe an den vom Stettiner Bahnhof ausgehenden Strecken neu angelegt worden. Im Oktober 1935 wurde der Bahnhof Bornholmer Straße eröffnet, den diese drei Aufnahmen zeigen. Der Zugang zu dieser Station (links oben) wurde direkt an die Hindenburgbrücke angebaut, die auch auf der Gesamtansicht der Station (unten) zu sehen ist. Mit schönen farbigen Fliesen und einem Wandfries von Ostseebildern wurde die Schalterhalle dekoriert (Bild links unten).

17 1017

Meyenburg
2
3
3

Maschinen am Stettiner Bahnhof

Auch am Berliner „Ferienbahnhof“ herrschten um 1935 noch die traditionellen preußischen Lokomotiven vor. Links oben wartet die Pasewalker Maschine 17 1017 vor dem Eilzug E 29 nach Stralsund, der im Hochsommer bis Saßnitz verlängert wurde, während unten vor dem langen Personenzug nach Kremmen sogar eine Vorspannlokomotive notwendig geworden ist. Im Gegensatz zu diesen bekannten und bewährten Triebfahrzeugen stand der brandneue Dampftriebwagen DT 53 am Stettiner Bahnhof, mit dem der Reisende in drei Stunden über Kremmen, Neuruppin und Wittstock nach Meyenburg gelangen konnte. Er lief ab Kremmen auf den Gleisen der Ruppiner Eisenbahn. Das Bild hat Hermann Maey 1936 für das Deutsche Lokomotivbild-Archiv aufgenommen.

Blick in die Königstraße

An der Brücke der Stadtbahn über die belebte Königstraße in Berlins Mitte haben die Fotografen dieses Berliner Eisenbahn-Albums sich immer wieder postiert. Unten der Zustand des Bahnhofs Alexanderplatz am Ende der dreißiger Jahre, an dem im Vergleich zu Seite 163 die verstärkte Brücke und der modernisierte Zigarrenladen sofort auffallen. Das Luftbild rechts läßt uns weit in die Straße und über die Dächer sehen. Auf beiden Seiten am Alexanderplatz stehen die bekannten Stahlbeton-Hochhäuser, die 1930/31 nach Plänen von Peter Behrens errichtet worden sind. Die wichtigsten Türme gehören zum Rathaus, zum Deutschen Dom am Gendarmenmarkt und zum Stadtschloß.

HERMANN TIETZ
AM ALEXANDERPLATZ
DACHGARTEN
Vortragssaal

Fernzüge am Alexanderplatz

Lebhaften Verkehr mit S-Bahn-Zügen stellt die Ansicht des Bahnhofs Alexanderplatz im Bild unten vor. Sie zeigt nochmals die „Hochhäuser“ mit ihren acht Geschossen und einem Dachgarten, deren strenge Form in starkem Kontrast zu dem Altbau des Kaufhauses Hermann Tietz stehen. Da dieser Bahnhof nur vier Bahnsteiggleise besaß, hatten die Fernzüge hier nur kurzen Aufenthalt, und einige fuhren sogar einfach durch. Der Fachmann, wie er im Bild rechts unten dargestellt ist, mußte sich also beim Studium der Maschinen beeilen. Mancher Leser wird sich in dieser Aufnahme wiedererkennen. Die Personenzuglok 38 3229 steht an der westlichen Ausfahrt, die Maschine 17 1096 aus Grunewald (Bild rechts oben) dagegen abfahrbereit an der Ostseite.

17 1096

38 3229

Am Schlesischen Bahnhof

Unter den zahlreichen Schnelltriebwagenverbindungen, die zwischen 1935 und 1939 aus den großen deutschen Städten nach Berlin und zurück von der Reichsbahn eingerichtet wurden, spielte der „Fliegende Schlesier“ eine besondere Rolle. Dieser Zug von Beuthen und Breslau führte nämlich auch die 3. Wagenklasse. Die Reisepostkarte unten zeigt ihn nach seiner Ankunft am Schlesischen Bahnhof in Berlin vormittags um 9.50 Uhr. Zur Fahrt von Breslau hatte der Wagen 2 Stunden 43 Minuten gebraucht. Rechts oben ein Blick über die Westseite des Schlesischen Bahnhofs mit ausfahrenden Zügen von Stadtbahn und Fernbahn, wiedergegeben nach einer Ansichtskarte um 1939. Das Bild darunter führt uns in die Wilhelmstraße vor Speers Neue Reichskanzlei, wo die Eisenbahn auf dem Culemeyer-Straßenroller eine kleine Rangierlok mit Reklame für das „Winterhilfswerk“ aufgefahren hat.

Ich sammele für das WHW

KEMPINSKI HAUS VATER
KAMMER
LICHTSPIELE
POTSDAMER BAHNHOF
Reichslotter

Fahrkarten
Bahnsteig B

Die letzten Friedenstage am Potsdamer Bahnhof

Alle Aufnahmen dieser Doppelseite sind im Frühsommer 1939 entstanden, als die Kündigung des deutsch-englischen Flottenabkommens und des deutsch-polnischen Nichtangriffspakts zu den Schlagzeilen der Blätter gehörten, die der Zeitungsmann im Bild unten anbietet. Der S-Bahnhof Potsdamer Platz, neben dem er steht, wurde am 15. April 1939 mit der verlängerten Nordsüdbahn eröffnet; im Hintergrund das Columbushaus von Erich Mendelsohn. Links oben der aufgebuddelte Bahnhofsvorplatz im Mai 1939 mit dem „Haus Vaterland", übrigens einem weiteren Werk Franz Schwechtens; links unten ein Blick in die Bahnsteighalle des Potsdamer Bahnhofs.

Unter dem Potsdamer Platz

Was in der Aufnahme rechts noch ein Modell der Reichsbahndirektion Berlin war, das später in das Verkehrs- und Baumuseum gelangte, ist im Bild unten bereits Wirklichkeit geworden: der S-Bahnhof Potsdamer Platz, der sich unter der Straße vom Potsdamer Bahnhof bis zum Columbushaus erstreckte. Diese Straße hat 1851 einmal die alte Verbindungsbahn getragen und hieß damals Schulgartenstraße, dann Königgrätzer Straße, hierauf Ebertstraße, nun Hermann-Göring-Straße, endlich wieder Ebertstraße. Die Wände dieses Bahnhofs waren mit weißen Opak-Glasplatten belegt, ebenfalls von Brademann bestimmt. Alle im Modell gezeigten Bauten sind heute vom Erdboden verschwunden, der Leipziger und der Potsdamer Platz waren bis 1989 zum toten Feld geworden.

städt. U-Bahn
Potsdamer Straße
Leipziger Platz
Voßstraße
Hermann-Göring-Straße

Drei Knaben vom „Jungvolk“ bei einer Verschnaufpause auf dem beschädigten Anhalter Bahnhof künden im Bild links an, womit der folgende Abschnitt in diesem Album endet: mit furchtbaren Aufnahmen vom Februar 1945, als nun auch Berlin brannte mit seinen Häusern und Fabriken, seinen Bahnhöfen und Zügen.

6. Kapitel

Krieg und Zerstörung der Bahn in Berlin (1939–1945)

Was die Verdunklungsübungen der vorangegangenen Jahre prophezeit hatten, war im Herbst 1939 zur Wirklichkeit geworden: Während unter der Erde die fertiggestellte Nordsüd-S-Bahn endlich rollte und damit ein Beispiel gab für alle urbanen Schnellverkehrssysteme, rissen die Leute oben den Zeitungsverkäufern ihre Blätter mit den Frontmeldungen aus der Hand. Nun schliefen zwar die geplanten Abbrucharbeiten für die Nordsüd-Achse durch Berlin ein, doch wenig später wurden die Abrißideen Speers und Hitlers zur unfaßbaren Wahrheit im Bombenhagel; die alten Bahnhöfe verschwanden wirklich.

Im September 1938 hatte das „Organ für die Fortschritte des Eisenbahnwesens“ zur Hundertjahrfeier der Potsdamer Bahn geschrieben: „Ursprünglich vor der Stadt angelegt, versanken die Endpunkte der Bahnen allmählich in dem schwellenden Teige der Weltstadt. Die Strecken wirkten als Riegel zwischen den neuen Stadtteilen und hemmten so die organische Entwicklung der Stadt. Noch ein zweites kam hinzu, um das städtebauliche Bild zu verwirren. Der 1877 geschlossene Eisenbahnring um Berlin saß gewiß lokker. Aber die Verkehrsmittel waren noch nicht leistungsfähig genug, um die Stadt in das weite Gewand planmäßig hineinwachsen zu lassen. Der Berliner fuhr zudem nicht gern; er ging lieber. Die wachsende Stadt drückte somit nach innen, statt hinaus in die Weite. Es entstand das graue Elend der ineinander geschachtelten Höfe. Diese zentripetalen – zusammenschnürenden – Wirkungen im Wachstum der Stadt sind zwar durch Schaffung schneller elektrischer Verkehrsmittel mehr und mehr abgeschwächt. Die zentrifugalen – ausweitenden – Kräfte sind aber doch nicht stark genug gewesen, um die im Hausbesitz erstarrte Stadtmasse genügend schnell aufzulockern.

Dazu gehören größere Kräfte. Sie sind jetzt angesetzt. Ringstraßen werden durch staubige Ungezieferviertel Bresche schlagen. Die dunklen Höfe werden gelichtet. Die Fernbahnen werden bis zum Ringe hinausgedrückt. Neue Schnellbahnen werden den inneren Bevölkerungskern aushöhlen. Berlin wird in das Land hineinwachsen. Seine Kinder werden in grünen Gärten gesund werden. Diesem Zukunftsbild muß auch der Potsdamer Bahnhof in Berlin weichen. Er hat seine Zeit überlebt. Das kann man nicht bedauern.“

Abschied und Ankunft in Berlin

Der Kontrast zwischen diesen beiden Bildern ist beträchtlich: links eine Amateuraufnahme, rechts das Werk eines Pressefotografen. Links wird ein Kind „verschickt", wie es damals hieß, und rechts kommt der Außenminister Molotow an. Das Kind fährt ins Erzgebirge oder nur bis in den Fläming, der Minister kommt aus Moskau. Bei dem Kind sind seine Mutter und zwei Männer von der Luftwaffe, die den Transport organisieren wegen der Bombenangst im Oktober 1939. Bei dem sowjetischen Außenminister sind sein deutscher Kollege Ribbentrop, der Generalfeldmarschall Keitel und jede Menge andere Männer in Uniformen, denn am 12. November 1940 ist der Krieg schon mehr als vierzehn Monate alt. Links ein Bahnsteig im Berliner Süden, rechts der Anhalter Bahnhof an der Möckernstraße.

Berlins Bahnhöfe im Krieg

Mit der Einrichtung von „Bahnhofs-Kommandaturen“ für die reisenden Soldaten und mit vielen Parolen ging der Krieg weiter. Wer das Bild des Potsdamer Bahnhofs unten genau ansieht, kann die weißgestrichenen Treppenstufen erkennen, die bei nächtlicher „Verdunklung“ den Weg weisen sollten. Aus diesem Grund sind auch Pufferbohle und Puffer der Lokomotive 38 2585 mit weißer Farbe eingerahmt worden, die im Bild rechts den Anhalter Bahnhof verläßt. Sie hat sogar einen italienischen Wagen hinter dem Tender, dem in dieser Zeit des „Stahlpakts“ zwischen Berlin und Rom besondere Bedeutung zukam.

38 2585

Charlottenburg
74 1161

Wustermark
74 1290

Lokomotiven mit Kriegsbemalung

Kennzeichen vieler Kriegsaufnahmen ist neben dem Warnanstrich der Pufferbrust an Lokomotiven die vorgesteckte Abblendscheibe der Scheinwerfer. Als der Berliner Eisenbahnfreund Herbert Treichel diese Aufnahmen im Sommer 1942 einfing, riskierte er angesichts der allgemeinen Spionagefurcht manche Unannehmlichkeiten. Schon mehrfach war er deswegen festgehalten und verhört worden. Die Bilder zeigen links oben einen Sonderzug zum Rennen im Bahnhof Hoppegarten mit Lok 74 1161, darunter einen Vorortzug nach Wustermark mit Lok 74 1290 im Lehrter Bahnhof vor der Stadtbahnhalle, schließlich auf dieser Seite den Stettiner Bahnhof im Juni 1942. Die Maschine 38 1589 leistet Vorspann am Zug D 19 nach Stettin und Stolp. Die schönen Nummernschilder der Lokomotiven sind bald darauf einer Buntmetallsammlung des Krieges geopfert worden.

Berlins Eisenbahnen 1943

In jedem Taschenfahrplan und Kursbuch der Reichsbahn war eine solche „Netzspinne“ der Berliner Stadt-, Ring- und Vorortbahnen enthalten, wie sie das Bild unten wiedergibt. Sie ist nach dem Stand vom 15. September 1943 bearbeitet und zeigt die seit Herbst 1939 durchgehend befahrbare Nordsüdbahn, die Elektrifizierung der Dresdener Bahn bis Rangsdorf ab Oktober 1940 und die Verlängerung der Stromschiene nach Lichterfelde Süd im August 1943. Damit wurden 295 km Streckenlänge elektrisch befahren – seitdem gingen diese Werte, wie wir wissen, nur noch zurück. Rechts oben zwei Hinweise auf den Bombenkrieg bei der Eisenbahn, darunter die Güterzuglokomotive 50 241 am Bahnhof Putlitzstraße mitten im Krieg.

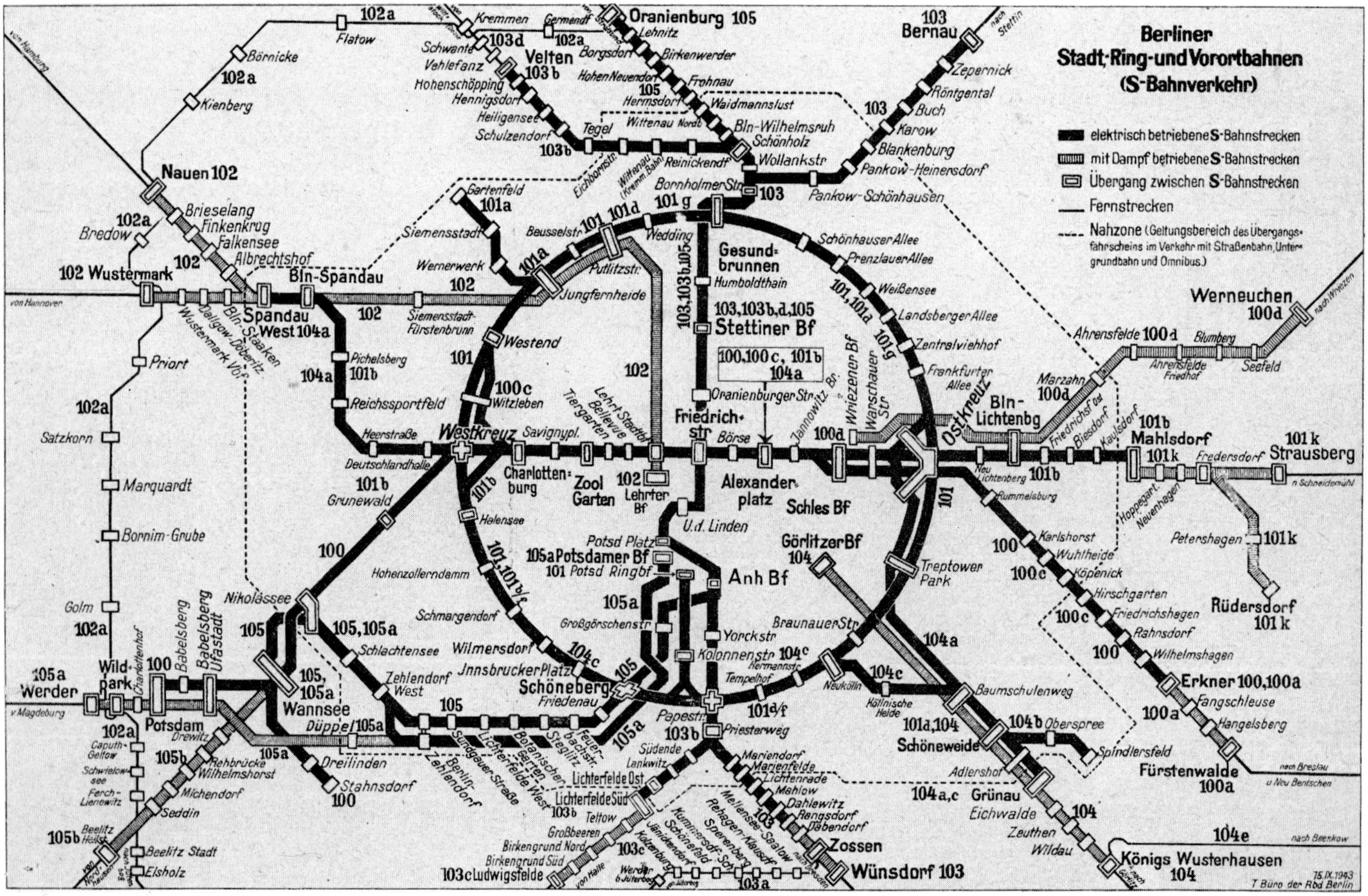

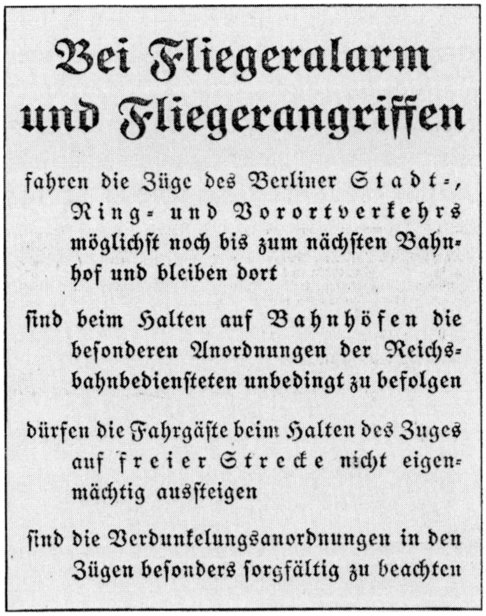

Bei Fliegeralarm und Fliegerangriffen

- fahren die Züge des Berliner Stadt-, Ring- und Vorortverkehrs möglichst noch bis zum nächsten Bahnhof und bleiben dort
- sind beim Halten auf Bahnhöfen die besonderen Anordnungen der Reichsbahnbediensteten unbedingt zu befolgen
- dürfen die Fahrgäste beim Halten des Zuges auf freier Strecke nicht eigenmächtig aussteigen
- sind die Verdunkelungsanordnungen in den Zügen besonders sorgfältig zu beachten

Fronturlauberzüge am Anhalter Bahnhof

Zu den besonderen Zuggattungen der Kriegsjahre zählten die „Schnellzüge mit Wehrmachtsteil“ und die „Sonderzüge für Fronturlauber“, mit denen die Soldaten transportiert wurden. Dazu zählten auch die Deportationszüge für die 50 000 Berliner Juden, die ab Oktober 1941 auf den Bahnhöfen Grunewald, Moabit und am Anhalter beladen wurden und bis März 1945 rollten. Zeugnisse deutscher Gründlichkeit sind auch die rechts abgebildeten „Papiere“ vom Dezember 1943 (oben) und Januar 1945 (unten), als die alliierten Luftangriffe den Bahnverkehr einschränkten.

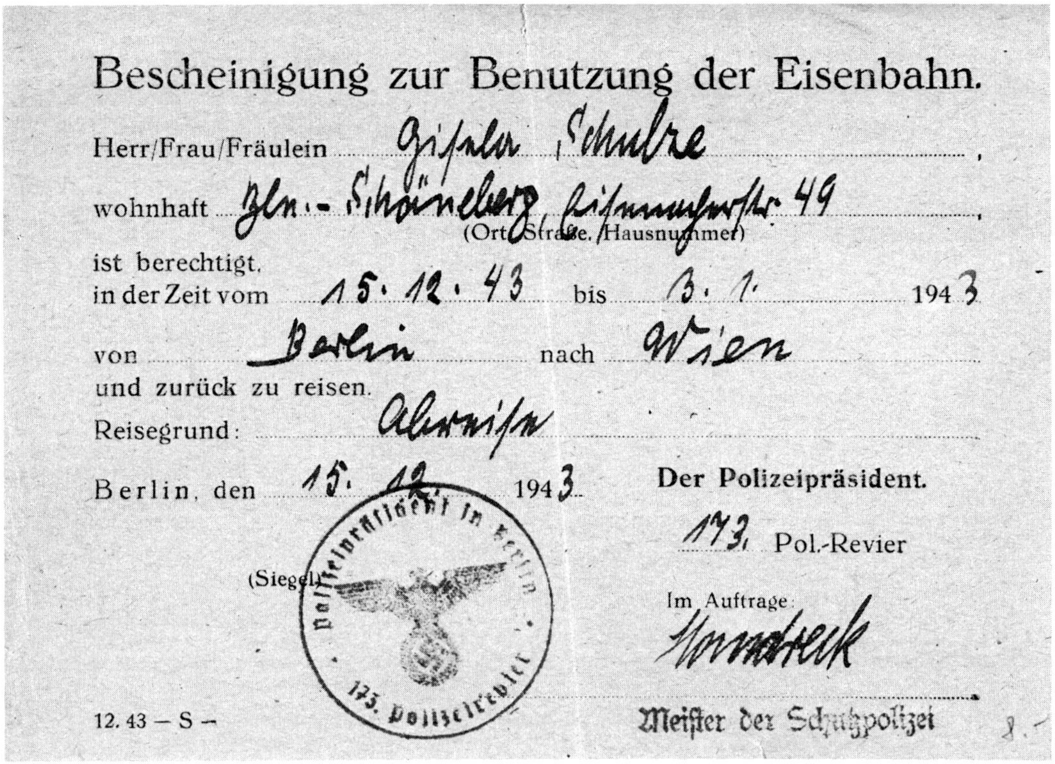

Bescheinigung zur Benutzung der Eisenbahn.

Herr/Frau/Fräulein Gisela Schulze,

wohnhaft Bln.-Schöneberg, Eisenacherstr. 49,
(Ort, Straße, Hausnummer)

ist berechtigt,
in der Zeit vom 15. 12. 43 bis 3. 1. 1943

von Berlin nach Wien

und zurück zu reisen.

Reisegrund: [illegible]

Berlin, den 15. 12. 1943

(Siegel)

Der Polizeipräsident.

173. Pol.-Revier

Im Auftrage:

[illegible]

Meister der Schutzpolizei

12. 43 – S –

Gültig nach jeweiliger Bekanntmachung auf den S-Bahnhöfen

Ausweis

zur Benutzung der Berliner S-Bahn

Nur gültig für die Verkehrsstufe I

Ausweis zur Benutzung der Berl. S-Bahn A 6 Steifpap grün Bln I. 45 300 000 C/0974

S BAHN

Fahrpreise

von der Berliner Stadt- und Ringbahn

nach	Preisstufe
Adlershof	1
Ahrensfelde	2
Ahrensfelde Friedhof	2
Alexanderplatz	1
Babelsberg	2
Babelsberg Ufastadt	2
Baumschulenweg	1
Beelitz Heilstätten	4
Bellevue	1
Berlin Anhalter Bahnhof	1
„ Görlitzer Bahnhof	1
„ Lehrter Bahnhof	1
„ Potsdamer Bahnhof	1
„ Schlesischer Bahnhof	1
„ Stettiner Bahnhof	1
„ Wriezener Bahnhof	1
Bernau (b Berlin)	3
Beusselstraße	1
Biesdorf	1
Birkengrund Süd	2
Birkenwerder (b Berlin)	2
Blankenburg	1
Blumberg (Bez Potsd)	2
Börse	1
Borgsdorf	3
Bornholmer Straße	1
Botanischer Garten	1
Braunauer Straße	1
Brieselang	3
Buch	2
Berlin-Charlottenburg	1
Charlottenhof (b Potsd)	3
Dabendorf	3
Dahlewitz	2
Dallgow-Döberitz	2
Deutschlandhalle	1
Dreilinden	2
Drewitz	2
Düppel	2
Eichbornstraße	1
Eichwalde (Kr Teltow)	2
Erkner	3
Falkensee	2
Fangschleuse	3
Feuerbachstraße	1
Finkenkrug	2
Frankfurter Allee	1
Fredersdorf (b Berlin)	3

nach	Preisstufe
Friedenau	1
Friedrichsfelde Ost	1
Friedrichshagen	2
Friedrichstraße	1
Frohnau	2
Fürstenwalde (Spree)	5
Gartenfeld	1
Gesundbrunnen	1
Giebelsee	3
Großbeeren	2
Großgörschenstraße	1
Grünau	2
Grunewald	1
Halensee	1
Hangelsberg	4
Heerstraße	1
Heiligensee	2
Hennigsdorf (Kr Osthavelland)	2
Hermannstraße	1
Hermsdorf	2
Hirschgarten	2
Hohen Neuendorf (b Berlin)	2
Hohenschöpping	3
Hohenzollerndamm	1
Hoppegarten (Mark)	2
Humboldthain	1
Innsbrucker Platz	1
Jannowitzbrücke	1
Jungfernheide	1
Karlshorst	1
Karow	1
Kaulsdorf	1
Kölnische Heide	1
Königs Wusterhausen	3
Köpenick	1
Landsberger Allee	1
Lankwitz	1
Lehnitz	3
Lehrter Stadtb	1
Berlin-Lichtenberg	1
Lichtenrade	2
Lichterfelde Ost	1
Lichterfelde West	1
Lichterfelde Süd	1
Ludwigsfelde	3

nach	Preisstufe
Mahlow	2
Mahlsdorf	2
Mariendorf	1
Marienfelde	1
Marzahn	1
Michendorf	3
Nauen	3
Neuenhagen (b Berlin)	2
Neukölln	1
Neu Lichtenberg	1
Nikolassee	2
Oberspree	1
Oranienburg	3
Oranienburger Straße	1
Ostkreuz	1
Pankow-Heinersdorf	1
Pankow-Schönhausen	1
Papestraße	1
Petershagen (b Berlin)	3
Pichelsberg	1
Potsdam	3
Potsdamer Platz	1
Prenzlauer Allee	1
Priesterweg	1
Putlitzstraße	1
Rahnsdorf	2
Rangsdorf	3
Rehbrücke	3
Reichssportfeld	1
Reinickendorf	1
Röntgental	2
Rüdersdorf (b Berlin)	3
Rummelsburg	1
Savignyplatz	1
Schlachtensee	2
Schmargendorf	1
Schöneberg	1
Berlin-Schöneweide	1
Schönhauser Allee	1
Schönholz	1
Schulzendorf (b Tegel)	2
Seddin	4
Seefeld (Mark)	3
Siemensstadt	1
„ -Fürstenbrunn	1
Berlin-Spandau	1
Spandau West	1
Spindlersfeld	1

nach	Preisstufe
Staaken	2
Stahnsdorf (Reichsb)	2
Steglitz	1
Strausberg	3
Südende	1
Sundgauer Straße	1
Tegel	2
Teltow	2
Tempelhof	1
Tiergarten	1
Treptower Park	1
Unter den Linden	1
Velten (Mark)	3
Waidmannslust	1
Wannsee	2
Warschauer Straße	1
Wedding	1
Weißensee	1
Werder (Havel)	4
Wernerwerk	1
Werneuchen	3
Westend	1

nach	Preisstufe
Westkreuz	1
Wildau	3
Wildpark	3
Wilhelmshagen	2
Wilhelmshorst	3
Wilhelmsruh	1
Wilmersdorf	1
Wittenau (Kremmener Bahn)	1
Wittenau Nordb	1
Witzleben	1
Wollankstraße	1
Wuhlheide	1
Wünsdorf (Kr Teltow)	4
Wustermark	3
Wustermark Verschbf	3
Yorckstraße	1
Berlin-Zehlendorf	1
Zehlendorf West	2
Zentralviehhof	1
Zepernick (Kr Niederbarnim)	2
Zeuthen	3
Zoologischer Garten	1
Zossen	3
Zossen Lager	4

Preisstufe	Einzelfahrkarten 3. Klasse RM	Sammelfahrkarten für 10 Fahrten 3. Klasse RM	Monatskarten 3. Klasse RM	Preisstufe
1	0.20	1.50	7.00	1
2	0.30	2.00	9.00	2
3	0.50	3.50	12.00	3
4	0.70	5.00	15.00	4
5	1.00	7.00	20.00	5

Die Preise der Einzelfahrkarten, Sammelfahrkarten und Monatskarten 2. Klasse betragen das Doppelte der Preise 3. Klasse.

Eine Schülermonatskarte 3. Klasse kostet die Hälfte der Monatskarte 3. Klasse.

Kinder bis zum vollendeten vierten Lebensjahr werden unentgeltlich befördert. Für ältere Kinder ist der volle Fahrpreis der benutzten Wagenklasse zu bezahlen.

Ein Hund wird auf Einzelfahrkarte oder auf Sammelkarte 3. Klasse befördert.

Die Beförderung eines Fahrrades kostet 30 Rpf.

Lokomotivparade in Seddin

Wo 1924 auf demVerschiebebahnhof von Seddin die Eisenbahntechnische Ausstellung stattgefunden hatte, wurden am 7. Juli 1943 eigentlich alle Hoffnungen begraben, die man 19 Jahre zuvor hatte haben können: für die Wochenschau waren hier nun 51 Kriegslokomotiven der Baureihe 52, die höchste jemals erreichte Tagesproduktion der großdeutschen Lokomotivfabriken, zusammengestellt worden, um „auf ein Signal an die Front abzufahren", wie der damalige Text lautete. Einen Blick auf den Alltagsverkehr der Berliner S-Bahn erlaubt die Tabelle links mit den Stationen und Preisen im September 1944. Wer diese Zeit kennengelernt hat, wird sich daran nicht gern erinnern.

Berlin am Ende

Selbst heute, mehr als fünfzig Jahre danach, bewegen diese beiden Aufnahmen Kurt Grimms vom Anhalter Bahnhof aus dem Winter 1944/45 das Herz des Betrachters: Qualm und Rauch über dem Askanischen Platz (unten), Trostlosigkeit und Erwartung vor dem „Durchgang für Wehrmachtsangehörige" und dem „Warteraum l. und 2. Klasse" am Bahnsteig (rechts) sind allen unvergessen, die sie erlebt und durchlitten haben.

Warteraum 1. 2. Klasse

Vom Aufräumen und Wiederaufbauen in Berlin und bei seinen Eisenbahnen berichtet der nächste Abschnitt des Albums. Viele Wagen der S-Bahn waren im Nordsüd-Tunnel abgestellt und dort von Wasser eingeschlossen worden. Ihre Bergung und Wiederherstellung dauerte jahrelang. Erste Schritte dazu am Stettiner Bahnhof im Jahre 1946 zeigt diese Aufnahme.

7. Kapitel

Wiederaufbau und Abbau der Eisenbahn in Berlin (1945–1961)

In den ersten Nachkriegsjahren litt das Berliner Eisenbahnwesen besonders unter den Entwicklungen der Politik. Auf die bedingungslose Kapitulation folgten Demontage und Wiederaufräumen gleichzeitig, bald darauf standen der Wunsch nach Wiederaufbau und die Berliner Blockade sich hart gegenüber. Die Stillegung der meisten Fernbahnhöfe 1951/52 im Westen Berlins und ihre Sprengung ein paar Jahre später war wie die endgültige Amputation nach einer alten Kriegsverletzung anzusehen, war traurig und lebensnotwendig zugleich. Wo kein Bahnverkehr in die Provinz mehr erlaubt ist, lohnt auch die Vorhaltung von Bahnhöfen nicht. Wo die Eisenbahn unerwünschte Ortsveränderung ermöglicht, muß dieses Verkehrsmittel unterbrochen werden.

Wie man in der DDR die Dinge sah, schrieb „Der Modelleisenbahner“ im August 1981 rückblickend: „Nach Zerschlagung des Faschismus ergab sich in und um Berlin eine ganz andere Lage. Die traditionellen Kopfbahnhöfe Berlins waren, wie beispielsweise der Potsdamer, der Anhalter und der Görlitzer Bahnhof, total zerstört. Diese provisorisch instandgesetzten Anlagen konnten auf die Dauer nicht mehr benutzt werden. Hinzu kam aber noch ein viel wichtigerer Fakt: Die im Jahre 1948 mit der Währungsreform erfolgte Bildung Westberlins war für die imperialistischen Besatzungsmächte Anlaß, immer wieder Störungen bei der antifaschistisch-demokratischen Umwälzung in der damaligen sowjetischen Besatzungszone zu entfachen. Schließlich gelang es den Verfechtern und Handlangern des kalten Krieges im Mai 1949 durch den sogenannten UGO-Putsch, die ohnehin komplizierte Lage weiter zu verschärfen. Es lag daher auf der Hand, den Eisenbahn-Verkehr möglichst ohne die Berührung von Westberlin weiterzuführen. Am 1. November 1950 wurde daher das seinerzeit wichtigste Bauvorhaben der Deutschen Reichsbahn in Angriff genommen, der Bau des heute so bedeutenden Berliner Außenringes. Mit welcher Initiative diese Arbeiten in Angriff genommen worden sind, ist heute mit Worten kaum zu beschreiben. Tag und Nacht waren Arbeiter und Ingenieure aus allen Teilen der Republik, unter ihnen Hunderte FDJler und Aktivisten der ersten Stunde, ans Werk gegangen. Sowjetische Neuerermethoden trugen zum reibungslosen Bauablauf bei. Nachdem ein Teilvorhaben am Reißbrett vollendet worden war, wurde es schon oft am nächsten Tag umgesetzt.“

Wasser im Nordsüd-Tunnel

Nach der Sprengung der Tunneldecke am Landwehrkanal durch SS-Truppen am 2. Mai 1945 und einem weiteren Wassereinbruch am Bahnhof Friedrichstraße dauerte es mehr als zwei Jahre, bis diese wichtige Nordsüdverbindung wieder repariert war: der durchgehende Verkehr wurde erst am 16. November 1947 aufgenommen. Das Bild unten zeigt die Arbeiten am Halleschen Ufer im Mai 1946. Viele Wagen, die in den letzten Kriegstagen zum Schutz in den Tunnel gebracht worden waren, mußten mit Wasserschäden geborgen werden (Bild links oben). Einen so trostlosen Eindruck wie der Lehrter Fernbahnhof im August 1945 (Bild links unten) machten damals viele Stationen in Berlin. Dennoch fuhren bald wieder Züge.

Trümmerbahnen in Berlin

Bei der Beförderung von Schutt und Baumaterialien machten sich in den ersten Nachkriegsjahren allerorts die kleinen Lokomotiven und Loren vom Autobahnbau, aus Fabriken und Landwirtschaft nützlich. Diese Trümmerbahnen halfen über den Mangel an Lastwagen und Sprit hinweg; zugleich symbolisierten sie den Willen zum Wiederaufbau. Im „Deutschen Volkskalender“ für 1947 war gleich das erste Blatt mit dem Bild einer solchen „Trümmerlok“ belegt (Bild unten). Damals brachte die „Berliner Zeitung“ die mahnende Aufnahme eines Trümmerzuges vor dem Bunker am Humboldthain (Bild rechts oben), und auch eine ähnlich aussagekräftige Postkarte „Unter den Linden“ wurde schon in vierzigtausend Exemplaren gedruckt (Bild rechts unten).

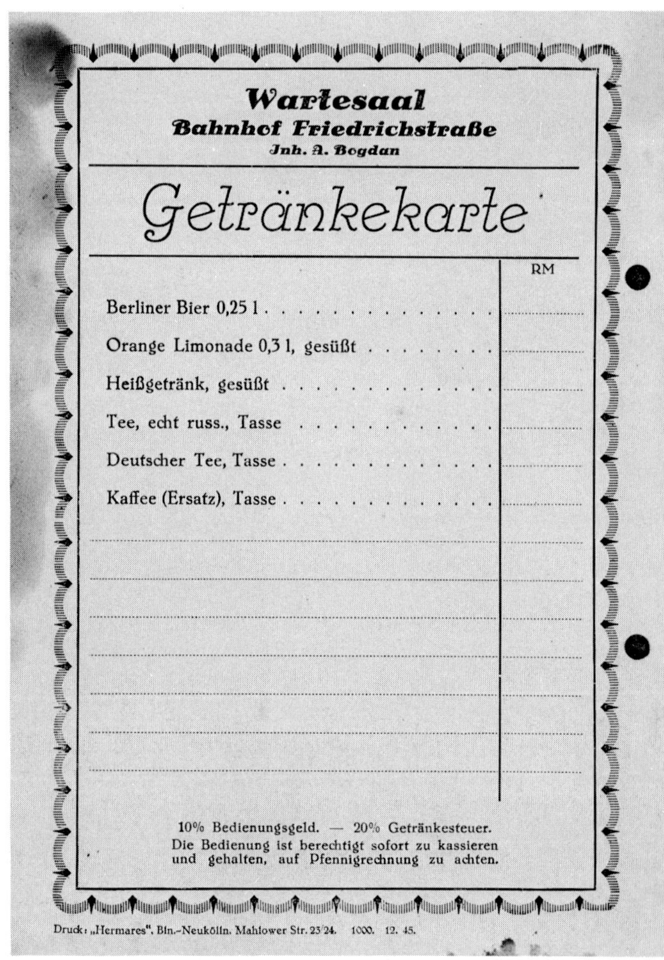

Wartesaal
Bahnhof Friedrichstraße
Inh. A. Bogdan

Getränkekarte

	RM
Berliner Bier 0,25 l	
Orange Limonade 0,3 l, gesüßt	
Heißgetränk, gesüßt	
Tee, echt russ., Tasse	
Deutscher Tee, Tasse	
Kaffee (Ersatz), Tasse	

10% Bedienungsgeld. — 20% Getränkesteuer.
Die Bedienung ist berechtigt sofort zu kassieren und gehalten, auf Pfennigrechnung zu achten.

Druck: „Hermares", Bln.-Neukölln, Mahlower Str. 23/24. 1000. 12. 45.

Der Hamstererzug

Die Züge waren in den ersten Jahren nach dem Kriegsende immer überfüllt, denn nur wenige Verbindungen täglich bestanden. Zudem war das Reisebedürfnis enorm, denn Vertriebene, Flüchtlinge, Verschleppte, entlassene Kriegsgefangene, Hamsterer und kleine Schwarzhändler mußten für ihre Fahrten die Eisenbahn benutzen. Friedrich Seidenstücker hat das Bild unten in Berlin aufgenommen. Einen „sprechenden Fahrplan“ mit allen Anschlußzügen gab es Ende 1947 in Berlin zu kaufen, der allerdings noch mit wenigen Seiten auskam. Welche für die Zeit typischen Getränke der Reisende im Wartesaal des Bahnhofs Friedrichstraße im Dezember 1945 bestellen konnte, beleuchtet – leider ohne Preise – die Abbildung daneben.

Bestandsaufnahme an der Stadtbahn

Die Zerstörungen der ganzen Stadt sind auch an den Bildern ihrer Bahnhöfe abzulesen: rechts die Halle des Bahnhofs Alexanderplatz, auf dem im November 1945 wieder der erste Stadtbahnzug einlaufen konnte. Kurz danach war auch die zusammengebrochene Warschauer Brücke von den Schienen geräumt, die im Bild unten zu sehen ist. Während Fußgänger die Gleise überqueren, arbeitet bereits ein Kran an dem Hindernis; im Hintergrund links erscheint der Schlesische Bahnhof.

Das Aufräumen am Potsdamer Bahnhof

Besonders schwer wurde von den Bomben der Potsdamer Fernbahnhof getroffen. Die Aufnahmen dieser Doppelseite zeigen den mühevollen Versuch, die Trümmer aufzuräumen und den zerstörten Bahnsteig wiederherzustellen, doch hat man diese Arbeiten dann aufgegeben. Da auch die Kanalbrücken zerstört waren, ließ sich der Aufwand für die wenigen Züge jener Jahre nicht rechtfertigen. Nur vorübergehend liefen die elektrischen Züge der Wannseebahn über ein provisorisches Gleis den Potsdamer Ringbahnhof an, bis sie im Juli 1946 wieder in den Nordsüdtunnel zur Friedrichstraße einfahren konnten.

Der erste Zug inmitten der Trümmer

Schritt für Schritt kam die Berliner S-Bahn nach der Kapitulation wieder in Fahrt. Am 6. August 1945 wurde der elektrische Zugbetrieb zwischen Wannsee und dem Potsdamer Ringbahnhof über die eingleisig wiederhergestellte Trasse der Ringbahn-Spitzkehre wieder aufgenomen (Bild unten). Hier wurde tagsüber eine Zugfolge von 20 Minuten erreicht.

Die Aufnahme rechts unten zeigt einen solchen Zug beim Unterqueren der städtischen Hochbahnstrecke am Gleisdreieck im Frühjahr 1946. Darüber ist der Potsdamer Platz mit den zerstörten Häusern Fürstenhof, Vaterland und Pschorr auf beiden Seiten des Potsdamer Bahnhofs abgebildet. Viele Fensteröffnungen der Straßenbahn sind durch Pappe verschlossen, denn Glas war Mangelware.

SPARKASSE

Görlitzer Bf
Gleis 2
Gleis 3

Bahnsteighallen ohne Glas

Die beiden Bilder aus dem Jahre 1946 zeigen den Görlitzer Bahnhof (links) und den Bahnhof Zoo (unten), auf denen allmählich der Fernverkehr wieder anlief. Bereits am 11. August 1945 hatte die sowjetische Kommandantur den Bahnbetrieb einer „Reichsbahndirektion Berlin" für alle vier Sektoren der besiegten Stadt übertragen, um die Versorgung und Beförderung der Bevölkerung sicherzustellen. Glas für die Dächer und Wände der Hallen war jahrelang nicht zu bekommen, und der Görlitzer Bahnhof ist ohnehin schon 1951 stillgelegt worden, so daß eine Reparatur nicht mehr erfolgte. Die Straßenbahn mußte sich für ihren Wagen nach Lichterfeld Süd ebenfalls ohne Glas behelfen.

Demontage und Wiederaufbau

In den ersten Monaten nach der deutschen Kapitulation war die Eisenbahn von Demontagen stark betroffen. An Hauptstrecken wurde vielfach das zweite Gleis abgebaut, an den Linien mit getrennten Vorortstrecken mitunter dieses Gleispaar herausgenommen, um mit dem Material die Schäden in den Ländern des Ostens zu flicken, gegen die Deutschland Krieg geführt hatte. Auf der Schlesischen Bahn waren die Vorortgleise vom Ostkreuz bis Erkner 1945 vollständig demontiert worden (Bild unten). Nach dem eingleisigen Wiederaufbau rollte im April 1947 der erste elektrische Zug von Berlin bis Köpenick (Bild rechts), ein Jahr später bis Erkner.

Köpenick

Reisen im Jahre 1948

Die Spannungen zwischen den Siegermächten, die Wiederbelebung deutscher Verwaltungen und von Parteien und schließlich die Währungsreform gehörten zu den Ursachen der Blockade Berlins im Juni 1948. Der Bahnverkehr nach den Westzonen wurde unterbrochen, während er in die Umgebung Berlins weiterlief. Stimmungsbilder aus dieser Zeit sind die Aufnahme des Lehrter Bahnhofs mit der davorliegenden Stadtbahnhalle (oben), der eindringliche Postkartentext (rechts) und die Studie vom Anhalter Bahnhof mit einer rauchenden Dame (ganz rechts).

Das blieb vom weltbekannten Anhalter Bahnhof in Berlin

Menschen am Anhalter Bahnhof (I)

Eindrucksvolle Bilder sind 1948 dem Fotografen Henry Ries am Anhalter Bahnhof in Berlin gelungen. Sie spiegeln Verfall und Alter, Beamtenstolz und Lebenswillen inmitten dieser monumentalen Trümmerlandschaft wieder. Links der Blick aus der Hallenstirnwand auf die drei Bögen der südlichen Front in Schwechtens Bauwerk, unten ein wartender Mann auf dem Querbahnsteig. Hinter ihm ist schemenhaft der riesige Reichsadler zu erkennen, der 1940 dort befestigt worden ist.

Menschen am Anhalter Bahnhof (II)

Hier sind nochmals drei Aufnahmen von Henry Ries aus dem Jahre 1948 vereinigt, die den Anhalter Bahnhof zum Schauplatz haben. Da ist unten der Mann an der Sperre mit seiner Knipszange zu sehen, der aber in einer Bretterbude steht. Daneben der sehr gestenreiche Versuch, mit einem Sowjetsoldaten Zwiesprache zu halten. Endlich rechts ein Mann mit dem Berliner „Volkswagen“ der Nachkriegszeit, seinem schwerbeladenen Handwagen. Er steht am Haupteingang des Anhalters Bahnhofs. Rechts über ihm hängt ein Schild in russischer Sprache; an den Ziegeln klebt ein Zettel, der Rußland-Heimkehrer nach dem Schicksal eines vermißten Unteroffiziers der Wehrmacht fragt. Fahrkarten und Zulassungskarten für die wenigen Züge wurden nur noch an einem Seitenschalter verkauft.

Verkauf von Fahrkarten
nur vom
Eingang Mökernstr.
гостиницы в
Штеттинского
I Шмидтс Отель
II Христль Хосциц,
III Христль Хосциц,
IV Гранд Отель,
3/ Расписание движения
Штеттинского, Ангальтско
в зале ожидания и на
4/ Центральная коменда

Reparaturen bei der Berliner S-Bahn

Das Bild rechts führt noch einmal zurück in die Not der ersten Nachkriegszeit, als Verschleiß und Diebstahl von Textilien die Polsterklasse der Eisenbahn plagten. Hier sind drei Frauen bei der Ausbesserung schadhafter Polster zu sehen. An den Wagen der S-Bahn mußten wegen der Verdunklung während des Krieges eigene Bügel auf die Stirnwände geschweißt werden, um Unfälle bei Schritten zwischen die Fahrzeuge in dem trüben Licht zu verhindern. Diese Bügel sind bei dem „Bankierzug“ im Hintergrund gut erkennbar. Ein Verkehrsplan vom September 1949 ist unten abgedruckt. Das Netz umfaßte schon wieder dreihundert Kilometer. Die Blockade war nun wenige Monate vorüber, doch jetzt bewegte die Gründung der beiden deutschen Staaten die Gemüter.

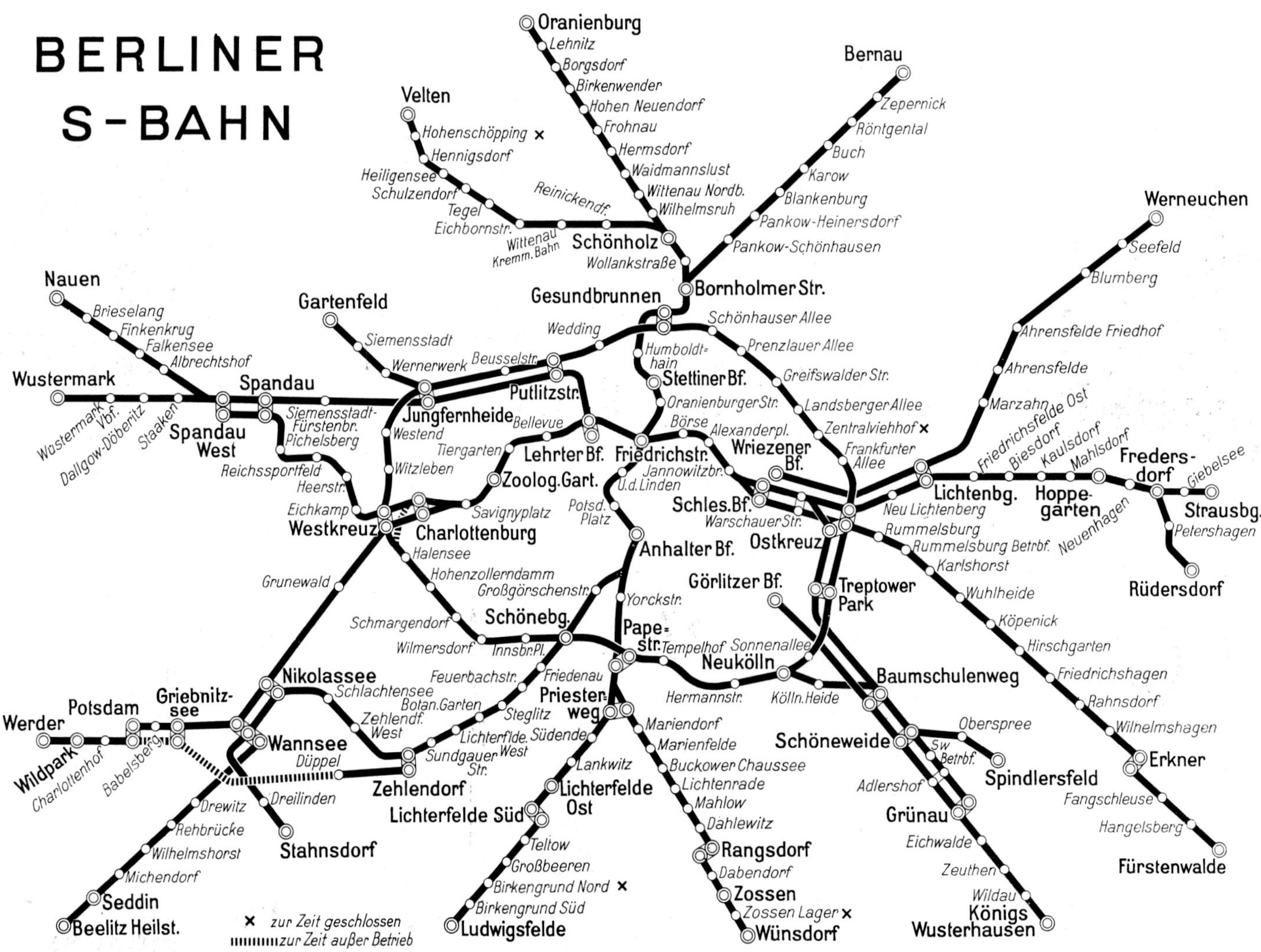

Das Ende der Trümmerzeit

In den Jahren 1951 und 1952 wurden alle noch benutzten Berliner Kopfbahnhöfe stillgelegt. Für die drei Westsektoren wurden Fernzüge nur noch auf der Stadtbahn durchgeführt, doch die S-Bahn wurde erst allmählich den neuen politischen Verhältnissen angepaßt. Unten der Bahnhof Zehlendorf-West um 1950, als der beschädigte Turm noch nicht weggerissen war. Die alte Wannseebahn war nun wichtiger als die „Potsdamer Stammbahn" geworden, auf der nur noch Pendelzüge von Zehlendorf–Mitte nach Düppel liefen. Rechts oben das „Berliner Tal" in Schöneberg mit dem desolaten Bahnhof Kolonnenstraße der Ringbahn-Spitzkehre im Jahre 1951. Nur noch das Gleispaar der Wannseebahn und ein Gütergleis sind im Betrieb; hinten die Leberbrücke, der Gasometer und der Bahnhof Schöneberg. Rechts unten der Güterbahnhof Westend im August 1955 mit einem Dreiviertelzug über den Vollring, der Blick geht in Richtung Siemensstadt.

ANKAUF

Interzonenzüge und Linienbusse

In den Jahren des Kalten Krieges waren die Verbindungen Berlins mit Westdeutschland einer harten Belastungsprobe unterworfen. Die Zahl der „Interzonenzüge" war begrenzt, die Mitnahme von „Westgeld" galt als nicht einfach, und so erblühte in den fünfziger Jahren neben dem Flugverkehr auch ein System von Fernbuslinien zwischen der Bundesrepublik und den Westsektoren Berlins. Dazu entstand am Stuttgarter Platz in Charlottenburg ein regelrechter „Omnibus-Bahnhof" mit Haltestellen, Reisebüros und allen anderen Annehmlichkeiten eines Bahnhofsvorplatzes (Bild unten). Einen Blick auf die Bahnhöfe Zoologischer Garten und Tiergarten im Januar 1955 gewähren die beiden Aufnahmen der linken Seite.

U S
BAD
DIE FRAU

„Neues Deutschland meldet“

Im Jahre 1957, als die beiden Aufnahmen des Bahnhofs Friedrichstraße auf dieser Doppelseite entstanden sind, war Berlin bereits hoffnungslos zerrissen. Wohl fuhren die Züge der S-Bahn noch ihre alten Strecken ab, doch für die Fahrgäste war die Sache nicht so einfach: Leute aus dem Westen mußten aufpassen, daß sie nicht versehentlich oder im Schlaf bis nach Potsdam fuhren, denn das war verboten. Leute aus dem Osten konnten mit der S-Bahn in den Westen endgültig abreisen, aber das war auch verboten. Dann gab es noch die „Durchläufer“ genannten Züge zwischen Bahnhöfen im Ostteil Berlins und Orten in der DDR, die einen schnellen Berufsverkehr ohne Halt im Westen vermittelten, weil man per Eisenbahn damals nicht anders vom Alex nach Potsdam oder von Zeuthen nach Falkensee kommen konnte. Das änderte sich erst am 13. August 1961.

BAHNHOF FRIEDRICHSTR

BERLIN-OSTBAHNHOF
I A 36-56

Neue Namen für Berlins Bahnhöfe

Die wichtigsten Bahnhöfe im Ostteil Berlins sind in diesen drei Ansichtskarten aus den fünfziger Jahren vertreten. Links oben nochmals Bahnhof Friedrichstraße mit neugestaltetem Mauerwerk an der Fernbahnhalle, links unten der ebenfalls geglättet wiederaufgebaute Schlesische Bahnhof, der nun „Ostbahnhof" heißen sollte. Auf dieser Seite ist der Alexanderplatz mit der angeschlagenen Bahnsteighalle um 1960 zu sehen, davor ein „VW" und ein „IFA" jener Jahre. Über die Umtaufe der Bahnhöfe hatte der „Tagesspiegel" am 30. November 1950 geschrieben: „Vom 1. Dezember an wird der Schlesische Bahnhof auf Veranlassung sowjetdeutscher Dienststellen in Ostbahnhof umbenannt. Der bisherige Ostbahnhof erhält den Namen Wriezener Bahnhof. Der Stettiner Bahnhof erhält vom gleichen Tag an den Namen Nordbahnhof. Der Güterbahnhof ‚Nordbahnhof' wird in Bahnhof Eberswalder Straße umbenannt. Während die neuen Bahnhofsschilder bereits zur Verfügung stehen, mangelt es an Richtungsschildern für die S-Bahnzüge. Sie müssen zunächst mit Buntstift beschriftet werden."

Die toten Bahnhöfe

Sobald der Berliner Außenring es ermöglicht hatte, die Züge aus Halle und Dresden oder aus Wittenberge und Rostock nach Lichtenberg oder auf den neuen Ostbahnhof umzuleiten, waren die alten Kopfbahnhöfe stillgelegt worden: der Lehrter und Görlitzer 1951, der Stettiner und Anhalter Bahnhof im Mai 1952. Ehe der Abriß dieser historischen Berliner Bauten begann, haben sie für ein knappes Jahrzehnt fast regungslos im Stadtbild gestanden. Die alte Pracht war wohl vergangen, aber Freunde der Eisenbahn zogen sie immer noch an. 1955 sind das Bild vom Görlitzer Bahnhof (unten) und die beiden Aufnahmen des Anhalter Bahnhofs (rechts) entstanden.

Anhalter Str.
TOTO

Zum kleinen Warenhaus

Bahnbetrieb in Kreuzberg

Obwohl der Anhalter Fernbahnhof eine seit dem 17. Mai 1952 verlassene Ruine war, florierten die Läden in dem alten Gemäuer und in den Baracken daneben noch eine ganze Weile: Stammkundschaft stieg weiterhin aus dem Tunnel der Nordsüdbahn empor, um hier Seife, Fahrradteile oder Kartoffeln einzukaufen. 1956 wurde der Vorbau auf der Ankunftsseite an der Möckernstraße bis zum ersten Stockwerk abgetragen. Den Zustand im April 1959, als der Abriß beschlossen war, dokumentiert das Bild unten. Südlich des Landwehrkanals waren der Anhalter Güterbahnhof und der Postbahnhof weiterhin stark beschäftigt. Das Bild rechts oben zeigt die Elektrolok Nr. 3 der Landespostdirektion Berlin, eine 1913 gebaute AEG-Maschine, um 1958 vor dem Stellwerk am Postamt 77. Seit 1969 steht sie im Eisenbahnmuseum Bochum-Dahlhausen. Darunter ein Blick über die Trebbiner Straße auf Hochbahnviadukt und Anhalter Bahnhof am Landwehrkanal, etwa 1955 aufgenommen. Der Fotograf hat sich vor dem Haus aufgebaut, in dem heute das Museum für Verkehr und Technik untergebracht ist.

Plw

KRISTALL-EIS
M & K
Kristall-Eis

Spandau-West
Mitte 2 Kl.
hinten
Sonderzug
über
Stendal
Norddeich (Norderney)
Hamburg

Der Lehrter Bahnhof vor seinem Abriß

Etwa zehn Jahre nach Kriegsende setzte sich in beiden Teilen Berlins, bei den Bauämtern wie bei der Reichsbahn, die Erkenntnis durch, daß mit den beschädigten und schon seit Jahren stillgelegten Kopfbahnhöfen nichts mehr anzufangen sei. Man befürchtete Unfälle, wollte an das Material der Ziegel heran und war der Ruinen jetzt überdrüssig. Architekten streuten die Erkenntnis aus, daß diese Gebäude für den Bahnverkehr der Zukunft unzureichend sein würden, und ein Denkmalpfleger erklärte die Profanbauten der wilhelminischen Zeit für historisch wertlos. So war ihr Abriß bald beschlossene Sache. Am Lehrter Bahnhof war der Zugzielanzeiger schon seit 1951 zum Kinderspielzeug geworden (Bild links). Im Oktober 1957 begannen die Sprengungen an seiner Westseite (Bild oben), die mit Rücksicht auf den Verkehr der Stadtbahn sehr vorsichtig durchgeführt werden mußten.

Damals in Nikolassee

Wer auf Reisen ist, zückt leichter den Fotoapparat als der Einheimische, für den die Züge und Bahnhofe Berlins zum Alltag gehören. So verdanken wir die Aufnahmen dieser Doppelseite einem Besucher aus der Schweiz, der seine Streifzüge durch den Westteil der Stadt im Urlaub Ende Juli 1957 unternahm. Sie zeigen unten die Brücke der S-Bahn am Bahnhof Nikolassee über die „Avus", als über deren Betonplatten kaum ein Auto rollte. Der Blick vom Bahnsteig fällt auf den „Nord-Express" mit der Lokomotive 01 024 und franzosischen Schnellzugwagen auf der Wetzlarer Bahn, im Hintergrund ein S-Bahn-Zug von Charlottenburg (Bild rechts oben). Von der Stadtbahn über Wannsee nach Potsdam ist der Zug unterwegs, der den unteren Bahnsteig im „Westkreuz" verläßt (Bild rechts unten).

An den Yorckbrücken

Seitdem die Anhaltische Eisenbahn ihren großen Berliner Bahnhof von 1880 angelegt hatte, bog im Berliner Süden der als Prachtstraße gedachte Verlauf der Bülowstraße zur Yorckstraße von seinem geraden Weg ab. Man unterquerte hier mit der Yorckstraße den Anhalter Außenbahnhof an einer schmaleren Stelle, die mit 31 Brücken auskam: 7 für die Potsdamer, 6 für die Dresdener und 18 für die Anhaltische Bahn. Links oben ein Blick auf diese Brücken im November 1955, darunter das Vorfeld südlich der Yorckstraße mit dem täglichen Güterzug im August 1957. Ganz schwach sind der Lokschuppen der Dresdener Bahn und die Ruine des Anhalter Bahnhofs zu erkennen. Für das Bild auf dieser Seite hat der Fotograf die Monumentenbrücke als Standort gewählt und sieht in Richtung Yorckstraße. Ein Vollzug der S-Bahn rollt nach Teltow, rechts sind die Trümmer eines Schuppens für Salonwagen der Hitlerzeit zu sehen. Im Hintergrund links die Häuser der Bautzener Straße.

LICHTSPIELE

Unterschleuse

Berliner Stadtbahn-Bilder

Im August 1957, als der Fotograf der beiden Aufnahmen der linken Seite durch Berlin streifte, konnte er noch zu Fuß vom Bahnhof Friedrichstraße zur Unterschleuse im Tiergarten wandern. Der Schnellzug mit der Dampflokomotive 03 050 steht an der östlichen Ausfahrt des Bahnhofs Friedrichstraße über der immer noch vorhandenen „Franziskaner-Gaststätte" und den „Stern-Lichtspielen", während die S-Bahn am Landwehrkanal eine neue Unterschleuse passiert. Auf dieser Seite unten ein letzter Blick auf das Nordportal des Lehrter Bahnhofs im Januar 1959. Die Figurengruppen, die links und rechts das Portal krönen, tragen die Schilder „Magdeburg" und „Halberstadt" nach der Gesellschaft, die ihn gebaut hat. Der Stadtbahnhof war vom Abriß damals noch nicht betroffen; erst der Neubau brach den Stab über ihn.

Berlin-Frohnau, Bahnhof u. Post
Blick vom Ludolfinger Platz

An der Nordbahn...

Die Nordbahnstrecke nach Oranienburg, 1875 errichtet und 1912 bis Frohnau mit Vorortgleisen versehen, ist 1925 auf elektrischen Betrieb umgestellt worden. Während der Bahnhof Wittenau 1910 von der Staatsbahn in eher schlichten Formen erbaut worden ist, wie die Ansicht links oben aus der Zeit um 1960 zeigt, hat in der „Gartenstadt Frohnau" die Grundstücksgesellschaft „Berliner Terrain-Centrale" wieder die im Bahnhof Zehlendorf-West erfolgreichen Architekten Hart & Lesser eingesetzt. Auch bei diesem am 1. Mai 1910 eröffneten Bau ist der Einfluß des Jugendstils spürbar; allerdings hat der 35 m hohe Casino-Turm nach dem Krieg eine etwas veränderte Spitze erhalten. Die Abbildung links unten zeigt den Blick über den Ludolfinger Platz ebenfalls um 1960. Oben war ein Wasserspeicher eingebaut. Das Empfangsgebäude in Hohen Neuendorf an der Nordbahn hat die Reichsbahn 1924 bei der Elektrifizierung errichtet, die Aufnahme ist im Sommer 1961 erschienen.

... und an der Wannseebahn

Die Bilder dieser Doppelseite stellen uns Bahnhofsgebäude im Südwesten Berlins vor, wie sie vor rund vierzig Jahren anzusehen waren. Rechts oben der älteste Bau, die am 15. Dezember 1872 eröffnete Haltestelle Lichterfelde der Berlin-Potsdam-Magdeburger Bahn im April 1957. Die Anschrift „RTO“ weist darauf hin, daß in Lichterfelde West die Militärzüge der Amerikaner abgefertigt wurden. Darunter der größere Bahnhof Steglitz, der im Herbst 1873 anstelle eines alten Bauernhofes in Betrieb genommen wurde, welcher zuvor als Empfangsgebäude gedient hatte. 1966 ist dieser für Berlin sehr typische Bau abgerissen worden. Unten der mit Jugendstil-Ornamenten verzierte Bahnhof Botanischer Garten von Erdmann und Spindler, der am 1. Mai 1909 eröffnet worden ist, in den fünfziger Jahren.

Bahnhof Steglitz
BERLINER KINDL

Preisstufe 1 für 20 Pfennig

Wohl jeder Mensch, der dieses Album betrachtet, hat schon einmal vor dem Fahrkartenautomaten der Berliner S-Bahn gestanden und seine zwei Groschen für das Billet der Preisstufe 1 eingeworfen, und auch den Fahrkartenschalter im Bahnhof Zoo kennen alle aus eigener Erfahrung. Die Aufnahme unten, 1960 entstanden, zeigt auch die sorgfältige Gestaltung der gelblichen Keramikplatten in der Schalterhalle durch den Reichsbahn-Architekten Hane 1939. Die 34,7 m breite und 14,0 m hohe Fernbahnhalle des Bahnhofs Zoologischer Garten wurde 1956 wieder verglast, 1957 mit dem Anbau einer geschwungenen Terrasse nebst Restaurant begonnen. Das Bild rechts oben mit dem Doppeldeckbus D 2 U 55 von Orenstein & Koppel und Büssing ist kurz zuvor entstanden. Am Bahnhof Reichssportfeld ist zur Internationalen Bauausstellung 1957 die rechts unten vorgestellte Wohnmaschine von Le Corbusier mit 527 Wohnungen auf 17 Etagen hochgezogen worden; beides Symbole für die Architektur der Massenmenschen und der Menschenmassen.

2
Persil
Persil
Lankwitz

S

Der August 1961 markiert den vorletzten großen Einschnitt in der Geschichte Berlins und seiner Eisenbahn. Nach dem Bau der Mauer riefen Gewerkschaften und Parteien zum Boykott der Berliner S-Bahn auf, die daraufhin viele Fahrgäste verlor. Eine solche Maßnahme am 18. August 1961 vor dem Bahnhof Zoo ist im Bild unten dokumentiert. Welche Entwicklung der Schienenverkehr in Berlin seitdem genommen hat, schildert das nächste Kapitel in diesem Album.

8. Kapitel

Berlins Eisenbahnen zwischen Vergangenheit und Zukunft (1961-1987)

Einen scharfen Schnitt in Berlins Eisenbahnnetz brachte der 13. August 1961 mit sich. Während der Fernverkehr schon seit einem Jahrzehnt zertrennt war auf den Ostteil und den Westteil der Stadt, wurden durch den Bau der Berliner Mauer nun auch die Strecken der S-Bahn zerrissen. Fortan gab es ein „Inselnetz" im Westen und eine auf die Hauptstadtfunktion des Berliner Ostteils ausgerichtete Entwicklung. Der 1961 ausgerufene Boykott der S-Bahn im Westen hatte katastrophale Folgen für alle Seiten: die Reisenden verloren ihre guten und preiswerten Züge, die Reichsbahn setzte jahrelang Geld zu, und schließlich mußten BVG und Senat 1984 doch ein Objekt übernehmen, dem sie zuvor immer den Garaus gewünscht hatten. Im Zeitalter des Automobils konnte daraus nur allmählich wieder ein Bahnsystem der Zukunft werden.

Wie sonderbar der Berliner Eisenbahn-Fernverkehr mittlerweile auf Reisende aus dem Bundesgebiet wirkte, hat die „Frankfurter Rundschau" im Oktober 1983 beschrieben: „Pläne und Entwürfe gibt es im Überfluß, ein neuer Bahnhof allerdings, eine moderne Wiedergeburt des ‚Anhalter', wird nicht entstehen. Er hätte auch kaum eine Berechtigung mehr. Zwar wurde nach Abschluß der Verkehrs- und Transitverträge mit der DDR der Zugverkehr von West-Berlin ins Bundesgebiet wieder attraktiver, da Kontrollen entfielen und Fahrtzeiten verkürzt wurden. Außerdem fördern Energie- und Umweltprobleme die Rückbesinnung auf das traditionelle Massentransportmittel Eisenbahn. Die Zahlen im Eisenbahnverkehr nach WestBerlin weisen seit einem Jahrzehnt eine positive Bilanz auf: von 1,2 Millionen Reisenden 1971 auf 3,1 Millionen 1981. Doch trotz steigender Passagierzahlen kommen die innerdeutschen Gespräche über den Ausbau und die Elektrifizierung der Schienenwege nur schleppend voran, zumal noch niemand so recht weiß, wie die dafür benötigten Milliardensummen aufgebracht werden könnten. Und die mageren 19 Regelzugpaare, die heute pro Tag am Bahnhof Zoo ein- und ausfahren, berechtigen auch kaum zu einem Bahnhofsneubau.

Zwar behalfen sich die beiden Teilstädte mit Ausweichbahnhöfen: Mit Wannsee und Spandau in West-Berlin und in größerem Umfang mit Lichtenberg und mit Schöneweide in Ost-Berlin. Doch allesamt sind bis heute Notbehelfe geblieben. Für lange Zeit – so scheint es - wird sich die frühere deutsche Hauptstadt, die Verkehrs- und Bahnhofsmetropole des Reichs, mit diesen Vorortstationen und mit jenen drei unzulänglichen innerstädtischen Bahnhöfen begnügen müssen, die von Krieg und Abrißwut der Nachkriegszeit verschont geblieben sind.

Alle drei liegen an den Schienensträngen der alten Stadtbahn: sie sind Durchgangsstationen auf der großen West-Ost-Trasse von Paris nach Moskau, nicht mehr. Und alle drei sind durch skurrile, aber Berlin-typische Besonderheiten gekennzeichnet."

Weltstadttrubel am Zoo

Als der zweite Bahnhof Zoologischer Garten 1939 fertiggestellt war, bot er in dem um die Jahrhundertwende erbauten Quartier der östlichen Kantstraße ein seltenes Beispiel moderner Architektur. In der Luftaufnahme von 1963 ist er neben dem Oberverwaltungsgericht, dem Theater des Westens und der Hochschule der Künste einer der wenigen noch vorhandenen Vorkriegsbauten: der Bombenkrieg hatte fast alle Häuser zwischen Kurfürstendamm, Hardenbergstraße und Fasanenstraße zerstört. Einen gewissen Eingriff in die Muschelkalkfassade des Bahnhofs Zoo bedeutete der Anbau des Terrassenrestaurants mit seinen schrägen und runden Formen im Geschmack von 1957, den die Bilder rechts illustrieren. Der Blick über den Hardenbergplatz zeigt schon die Eingänge zu der im August 1961 eröffneten U-Bahn zum Leopoldplatz. Wie oft dieser Platz schon umgestaltet worden ist, läßt sich nicht leicht sagen.

Berlin, Bahnhof Zoo mit Hardenbergplatz

Berlin, Bahnhof Zoo, Terrassenrestaurant

Das geteilte Netz

Die Folgen des 13. August 1961 für die Berliner S-Bahn sind auch aus dem Streckenplan von 1975 noch deutlich zu ersehen. Nun bestand im Westen ein zurechtgestutzter Inselbetrieb, dessen Außenstrecken vielfach stillgelegt und teilweise auch anders angebunden werden mußten. Die östliche Hälfte der Ringbahn wurde durch Verknüpfung mit den Gleisen nach Oranienburg und Bernau zu einer Nordsüd-Strecke für diesen Teil der Stadt, während die alte Nordsüdbahn ohne Halt unter der Stadtmitte durchfahren mußte. Ihr einziger Stop dabei war der Bahnhof Friedrichstraße, wo man in Züge vom Westteil der Stadtbahn und eine Untergrundbahn aus dem Westen umsteigen konnte, und wo man durch einen Grenzübergang in den Ostteil Berlins gelangte. Das blieb noch bis 1989 so. Die Stadtbahnzüge aus dem Westen wurden in die Fernbahnhalle (Bild rechts oben) eingeführt, während alle Stadtbahnzüge aus dem Osten in der Stadtbahnhalle endeten. Zur Unterbringung der Kontrollstelle zur Ausreise wurde an der Nordseite des Bahnhofs ein Neubau angesetzt (Bild rechts unten). Nach Plänen der DDR sollte ein vollkommen neues Empfangsgebäude entstehen.

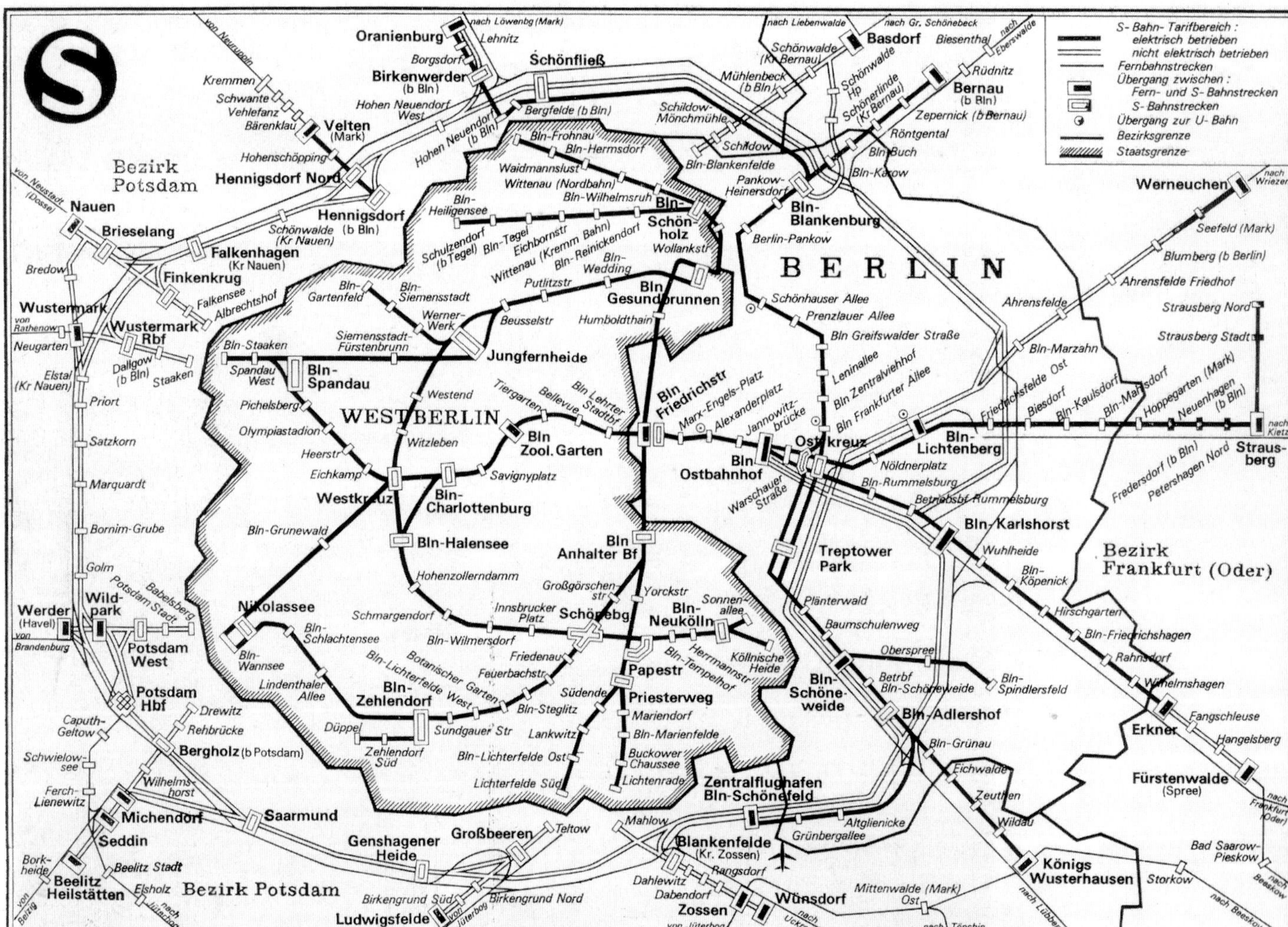

BAHNHOF FRIEDRICHSTRASSE
S
durch Seifen gepflegt
STERN
TAGESKINO

Neue Bahnhöfe im Osten Berlins

In dem Bemühen, diesen Teil Berlins zur Hauptstadt der DDR auszubauen, sind nach 1961 auf die Erneuerung und Anpassung der Bahnanlagen viele Mühen verwandt worden. Unten die Ostseite des um die Mitte der sechziger Jahre wiederhergestellten Bahnhofs Alexanderplatz, rechts oben der etwa gleichzeitig neu errichtete Eingang zum Ringbahnhof Schönhauser Allee. Die Autobahn bei dem Bahnhof Altglienicke am südlichen Stadtrand mit ihren „Trabanten“ war dem Fotografen des Jahres 1964 schon wichtiger als der Dreiviertelzug der S-Bahn, der die Station in Richtung Schönefeld verläßt.

BZ am Abend
SCHÖNHAUSER ALLEE

VT 18.16.03

KEIN EINGANG
V180 028

Berliner Lokomotiven

Nicht gern sah es die Transportpolizei der Reichsbahn vor etwa dreißig Jahren, wenn sich ein Fotograf der Eisenbahn näherte, und leicht wurde der Eisenbahnfreund als Spion angesehen. Schnappschüsse aus der fahrenden S-Bahn waren demzufolge in Berlin ein verbreiteter Sport. Im Bild oben rollt die Maschine 01 525 vom Ostbahnhof über die Stadtbahn in Richtung Alexanderplatz, hinter sich einen Fernzug nach Westdeutschland. 1974 endete der planmäßige Einsatz dieser Dampflokomotiven auf der Stadtbahn. Schon zuvor hatten sie sich die Arbeit mit den Dieselloks der Reihe V 180 aus der Lokfabrik Babelsberg geteilt. Eine Maschine dieses Typs vor den typischen Doppelstockwagen des Bezirksverkehrs ist links unten am Bahnhof Warschauer Straße zu sehen. Den Spitzenzug der Deutschen Reichsbahn, ihren Schnelltriebwagen VT 18 aus der Görlitzer Waggonfabrik, zeigt die Aufnahme links oben.

Friedrichsfelde
1410
Tierpark

Schließt, wenn der Zug fährt
stets die Wagentüren,
– wie schnell kann Leichtsinn hier zu Schaden führen!

Von der S-Bahn zur U-Bahn

In den Jahren nach 1961 ging der Verkehr bei der S-Bahn im Westteil Berlins drastisch zurück. Der Boykott zeigte seine Wirkung und die Fahrgäste blieben aus, so daß man die Züge verkürzen und Verbindungen streichen mußte. Weniger Wagen wurden benötigt, und damit konnte man die noch vorhandenen älteren Fahrzeuge der Bauarten „Bernau“ und „Oranienburg“ ab 1963 zum Umbau in U-Bahn-Triebwagen des Typs E III für die Großprofillinie vom Alexanderplatz nach Friedrichsfelde freigeben. Links oben ein solcher Zug unter dem „Alex“, auf dieser Seite der Platz selbst mit den Eingängen zur U-Bahn, mit einem Oberleitungsbus und einem Elektroauto der Post im Jahre 1962. Links unten eine ernste Mahnung an alle S-Bahn-Akrobaten in Ost und West, gedruckt 1972.

Abriß am Görlitzer Bahnhof

Nicht so stark beachtet wie die übrigen Kopfbahnhöfe im alten Berlin, hatte der „Görlitzer" als Tor zum Spreewald und ins Riesengebirge gleichwohl seine Freunde. Die mußten mit feuchten Augen zusehen, wie er von Jahr zu Jahr weiter verfiel. Links oben das schlichte Portal mit seinen zweifarbigen Ziegeln, darunter die Sprengung der Hallenseitenwand an der Wiener Straße, aufgenommen 1961/62. Ein Seitenflügel blieb aber zunächst noch verschont und beherbergte für viele Jahre eine Kartoffelgroßhandlung. Der oben gezeigte Blick über den Spreewaldplatz datiert vom Mai 1969. Nach einem Brand in der Ruine wurde auch dieser Rest um 1975 abgebrochen. Bis heute heißt aber die nahegelegene Hochbahnstation „Görlitzer Bahnhof".

WEDDING
ATELIER

Bahnhof
Gesundbrunnen

Humboldthain

Schmargendorf
Palm
ZIGARREN

RESTAURANT
GESUNDBRUNNEN

Kaleidoskop der Bahnhöfe

Das abgeräumte Gelände des Potsdamer Bahnhofs im Sommer 1963 ist unten abgebildet. Am oberen Bildrand der Reichstag, das Brandenburger Tor und die Ebertstraße, nach rechts verläuft die Stresemannstraße mit der Ruine des Völkerkundemuseums. In der Bildmitte steht das zerstörte „Haus Vaterland", und wo einmal die Zollmauer und die erste Verbindungsbahn verliefen, sind jetzt wieder Sperren aufgestellt. Auf der linken Seite sind fünf Aufnahmen von Max Krafft aus dem Sommer 1965 versammelt, der sich damals fast jeden Bahnhof vorgenommen hat: Wedding, Humboldthain, Gesundbrunnen mit dem Eingang zur Nordsüdbahn und zur Ringbahn, schließlich Schmargendorf. Über ihre Baustile und Schriften läßt sich lange nachdenken...

Menschenleere Bahnhöfe

Nicht zufällig sind die Bilder, die Max Krafft 1965 in Berlin aufgenommen hat, so statisch geworden: Er war wohl an einem Sonntagmorgen unterwegs und konnte leicht abwarten, bis die wenigen Fahrgäste der S-Bahn den Ort seiner Taten geräumt hatten. Nur am Bahnhof Hermannstraße in Neukölln (rechts oben) ist etwas los. Der Bahnhof Buckower Chaussee an der Dresdener Bahn (links oben) ist im Mai 1946 eröffnet worden und läßt uns alle Not der damaligen Zeit sofort wieder spüren. Der prachtvolle Bau in der Köllnischen Heide (links unten) verkündet noch immer etwas von dem Stolz der vormaligen Rixdorfer, auf deren Betreiben er dort vor dem Ersten Weltkrieg entstanden ist. Und der Bahnhof Sonnenallee ist uns schon einmal auf Seite 113 begegnet, als er noch Kaiser-Friedrich-Straße hieß. Bis auf „Buckower Chaussee" sind diese Bahnhöfe 1980 für ein Dutzend Jahre außer Betrieb gegangen.

Hermannstraße
EUROPA-PALAST

S
SONNENALLEE
Obst

Die kleinen Fortschritte

Die Grenzlinie zwischen dem Westen und dem Osten Berlins am Humboldthafen hat der Zug oben auf seinem Weg vom Lehrter Stadtbahnhof zum Bahnhof Friedrichstraße soeben überschritten; Aufnahme im April 1971, dahinter die Charité und der Fernsehturm. Rechts zwei Bilder aus einem Taschenfahrplan für die westlichen Strecken, in dem der neuen Funkabfertigung bei der S-Bahn große Bedeutung beigemessen wird. Der Einzelfahrschein hieß 1975 schon „Preisstufe 3" und kostete 50 Pfennig, war aber weiterhin billiger als die BVG.

TASCHEN-
FAHRPLAN
(Elektrischer Betrieb)
Gültig ab 1. 6. 1975
Preis –,20 DM

Bitte beachten Sie!
Züge der Berliner S-Bahn
werden durch UKW-Funk abgefertigt
Nach dem Ruf „Zurückbleiben" bitte nicht mehr ein- oder aussteigen. Unmittelbar danach erfolgen das selbsttätige Schließen der Türen und die Abfahrt des Zuges.
13

Wannseebahn und Autobahn

Als in den sechziger Jahren die Bauverwaltung im Westen Berlins an die Planung der Stadtautobahn ging, erwies sich bald eine Anlehnung der Linienführung an die Trassen von Ringbahn und Wannseebahn als beste Lösung: auf den Böschungen und stillgelegten Gleisen war am leichtesten Platz zu finden für ein Projekt, das in gewisser Weise an die Anlage der Stadtbahn um 1880 erinnert. Links oben die Lage an der Feuerbachstraße im Juni 1966, darunter der Güterbahnhof Steglitz im April 1971, als die Westtangente schon von Autos befahren wurde. Oben ein Blick auf Wannseebahn und Stammbahn an der Sundgauer Straße zur gleichen Zeit. Welche Unterschiede bei den Zuglängen!

GISCHER GARTEN
01 0525-4

Traktionswandel am Bahnhof Zoo

Auch bei der Deutschen Reichsbahn ging der Dampfbetrieb nach 1970 merklich zurück. Auf dem Bahnhof Zoo wurden Dampflokomotiven wie die Maschinen 01 0525, die alte 01 219 auf dem Bild links, schon im April 1973 gebührend beachtet. Bevor die aus der Sowjetunion gelieferten Diesel-loks der Reihe 132 das Regiment übernahmen, waren die Babelsberger Maschinen der Reihe V 180 (118) allgegenwärtig: hier unten im Bahnhof Zoo 1975, links unten vor einem Kohlezug für das Kraftwerk Ruhleben im Juli 1970. Wie man an den Autos auf dem Stadtring sehen kann, sind mittlerweile schon wieder einige Jahre vergangen.

Hundert Jahre Baugeschichte

An den Anhalter Bahnhof führen nochmals diese Aufnahmen: Vor dem Abriß sind 1959 die beiden Farbbilder rechts entstanden, die oben den Querbahnsteig mit seinen zerscherbten Schriften und unten die Ausfahrt nach Süden mit den drei berühmten Bögen zeigen. Auf dieser Seite ist zu sehen, was nach dem Abschluß der Sprengungen 1961 noch übriggeblieben ist, nämlich ein kärgliches Portikus-Fragment als Denkmal besonderer Art. Das Excelsior-Hochhaus im Hintergrund hat einen traditionsreichen Namen angenommen, stand dort doch bis 1945 ein riesiges Hotel mit eigenem Tunnel zum Anhalter Bahnhof, das durchaus Weltruf genoß.

Südfrüchte Schokolade
Südfrüchte
Unfall-Hilfsstelle

4206. Berlin. Anhalter Bahnhof. Arch. Schwechten

Dreimal Anhalter Bahnhof

Die Folgerungen aus diesen drei Bildern muß jeder Betrachter für sich ziehen: Links oben der letzte Entwurf Franz Schwechtens von 1874 zum Anhalter Bahnhof, darunter ein Blick über den Askanischen Platz im Jahre 1959, auf dieser Seite schließlich der Eingang zum „Anhalter Bahnhof" der Nordsüdbahn im Januar 1983.

Das Anhalter Betriebswerk

In den dreißig Jahren zwischen der Einstellung des Zugverkehrs am Anhalter Bahnhof im Jahre 1952 und der Aufnahme dieser beiden Bilder hatte die Natur schon wieder weitgehend Besitz ergriffen von dem Gelände des zugehörigen Betriebswerks an der Trebbiner Straße. Dicke Bäume wucherten in der Drehscheibengrube (Bild unten) und vor dem Wasserturm, auf den der Fotograf Hermann Kuom (Bild links) im April 1981 geklettert ist. Der Blick geht nach Norden in Richtung Anhalter Bahnhof, dessen Überbleibsel am linken Bildrand erscheint. Im Vordergrund das Gelände des heutigen Museums für Verkehr und Technik, in der Bildmitte ein Hochbahnzug zwischen Gleisdreieck und Möckernbrücke, hinten die Hochäuser vom Excelsior über die Leipziger Straße bis zum neuen Postscheckamt.

Ausgang
Fahrkarten

Die S-Bahn am Ende

Die beständig nachlassenden Beförderungszahlen auf der S-Bahn im Westen Berlins ließen am Ende der siebziger Jahre viele Strecken sehr einsam werden. Kaum fünfzigtausend Fahrgäste pro Tag stiegen hier noch ein, so daß die Reichsbahndirektion Berlin laut darüber nachdachte, ob sie den Betrieb nicht an den Senat verpachten könnte. Als der aber dieses Angebot ablehnte, sah sich die Reichsbahn im Herbst 1980 zu drastischen Verkehrseinschränkungen gezwungen: abends sollte der letzte Zug künftig um 21 Uhr fahren. Ein Streick ihrer Beschäftigten war die Folge. Wie es damals in Nikolassee (links) und Neukölln (rechts) aussah, dokumentieren diese Aufnahmen. Der Fahrkartenautomat neben der „Wanne“ und die geleerte Vitrine am geschlossenen Kiosk sprachen damals ihre eigene Sprache. Ende September 1980 wurden die Wannseebahn und die Ringbahnstrecke im Westen mit 38 Bahnhöfen stillgelegt.

Verfall und Abriß

In der südlichen Berliner Eisenbahnlandschaft lagen seit dem Anfang der fünfziger Jahre viele Flächen und Anlagen brach. Für den bescheidenen noch vorhandenen Verkehr waren die Bauten viel zu groß und zu zahlreich. Seine Pläne zum Bau eines neuen Südgüterbahnhofs hat der Senat wegen vieler Einsprüche zu den Akten legen müssen, so daß die beabsichtigten Veränderungen zwischen Anhalter und Potsdamer Güterbahnhof und dem Ring bei Tempelhof nur schwer vorankamen. Das zeigen die im März 1983 aufgenommenen Bilder vom Lokschuppen am Potsdamer Güterbahnhof unter der stillgelegten Hochbahn am Gleisdreieck (unten), vom Stellwerk „Tpa" der Anhalter und Dresdener Bahn am Sachsendamm (rechts oben) und vom achteckigen Wasserturm am ehemaligen Reichsbahn-Ausbesserungswerk Tempelhof (rechts unten) deutlich. Heute sind die Standorte der Fotografen nicht wiederzuerkennen.

Ein Streik und seine Folgen

Durch den Streik der Reichsbahner im Westteil Berlins vom September 1980 wurde auch der Fernverkehr betroffen. Daran erinnert die oben wiedergegebene Aufnahme des Bahnhofs Zoo mit einem noch abgefertigten Zug nach Köln. Nun wurde von Plänen gesprochen, langfristig den internationalen Fernverkehr von der Stadtbahn herunterzunehmen und ihn über den Außenring zum Ostbahnhof zu führen, während der Bahnhof Zoo zur Endstation werden sollte.

Dazu ist es damals nicht gekommen, doch die Entlassung der Streikenden und die Stillegung von Ringbahn und Wannseebahn waren deutlich Zeichen dafür, daß die Reichsbahn ihren Betrieb im Westen verkleinern wollte. Der Bahnhof Gesundbrunnen hatte im Mai 1982, als das Bild rechts entstand, den Fernverkehr und die Ringzüge verloren, doch die Gütergleise und die Nordsüd-Strecke wurden noch regelmäßig befahren. Über die Zukunft der S-Bahn im Westteil Berlins begannen 1983 ernsthafte Gespräche zwischen beiden Seiten.

Der Bahnhof auf dem Abstellgleis

Ein kurioses Schicksal hat das alte Verkehrs- und Baumuseum nach dem Kriegsende gehabt. Der ehemalige „Hamburger Bahnhof“ blieb in der Verwaltung der Reichsbahn, die den Bau und seine Schätze unter Kontrolle der britischen Siegermacht auch aufräumte und streng bewachte, doch der Betrieb eines Museums war der Eisenbahn in den Westsektoren nicht gestattet. Aus dieser paradoxen Lage kam der Bau erst heraus, als bei den S-Bahn-Verhandlungen Ende 1983 alle schwierigen Fragen der Übergabe des Betriebs an die BVG glücklich geklärt waren und man sich auch „Randfragen“ zuwenden konnte. Ab Februar 1984 wurden die hinter den brüchigen Mauern (Bild unten) verborgenen Schätze wieder zugänglich: rechts oben ein Blick in die Haupthalle mit der langen Reihe der Vitrinen, darunter die Schnellzuglokomotive 17 008.

17 008

Ein museales Museum

An acht Wochenenden im Frühjahr 1984 haben fast fünfzigtausend Berliner das frühere Verkehrs- und Baumuseum besucht, zugleich Abschied von einem sonderbaren Geheimnis der Stadtgeschichte und von einer verstaubten Ausstellung genommen. Der Senat entschloß sich, das Bauwerk (oben) mit 40 Millionen Mark aus Bundesmitteln bis zur 750-Jahr-Feier Berlins 1987 zu renovieren und vorläufig für wechselnde Ausstellungen zu benutzen, während die Sammlungen mit der Dampflok T 0 und dem S-Bahn-Führerstand in das neue Museum für Verkehr und Technik überführt wurden, das sie in seine Bestände integrierte. Es sollte noch Jahre dauern, bis die Objekte wiederhergestellt waren und genügend Raum für sie zur Verfügung stand. Heute stehen sie in den Lokschuppen des Anhalter Bahnhofs.

Schöneweide

HOTEL STADT BERLIN
EUROPA · AFRIKA · MITTELOST
INTERFLUG

Blicke in die Zukunft?

Der Ausbau des Eisenbahnwesens im Osten Berlins lief ungebrochen weiter. Der Anschluß des Neubaugebietes Marzahn an die S-Bahn oder die Anbindung der Fernstrecken an das elektrische Netz der Reichsbahn gehörten dazu ebenso wie die Modernisierung der älteren S-Bahn-Züge. Auf der Leipziger Frühjahrsmesse 1980 wurde ein Prototypzug der Reihe 270 in Aluminiumschweißkonstruktion mit Choppersteuerung vorgestellt (Bild unten), im Frühjahr 1987 ein verbessertes Muster aus der Lokomotivfabrik Hennigsdorf präsentiert. Einen neuen rot-weißen Anstrich erhielten auch die vorhandenen S-Bahn-Wagen, so daß die Ansicht links oben vom Alexanderplatz um 1981 mit den rot-gelben Zügen überholt erschien. Der Ostbahnhof, früher der Schlesische Bahnhof, sollte zum neuen Berliner Hauptbahnhof umgebaut werden. Das alte Empfangsgebäude von Seite 308 war bereits abgetragen, und mit allen Kräften wurde an der Umsetzung des Modells aus dem Bild links unten in die Wirklichkeit gearbeitet.

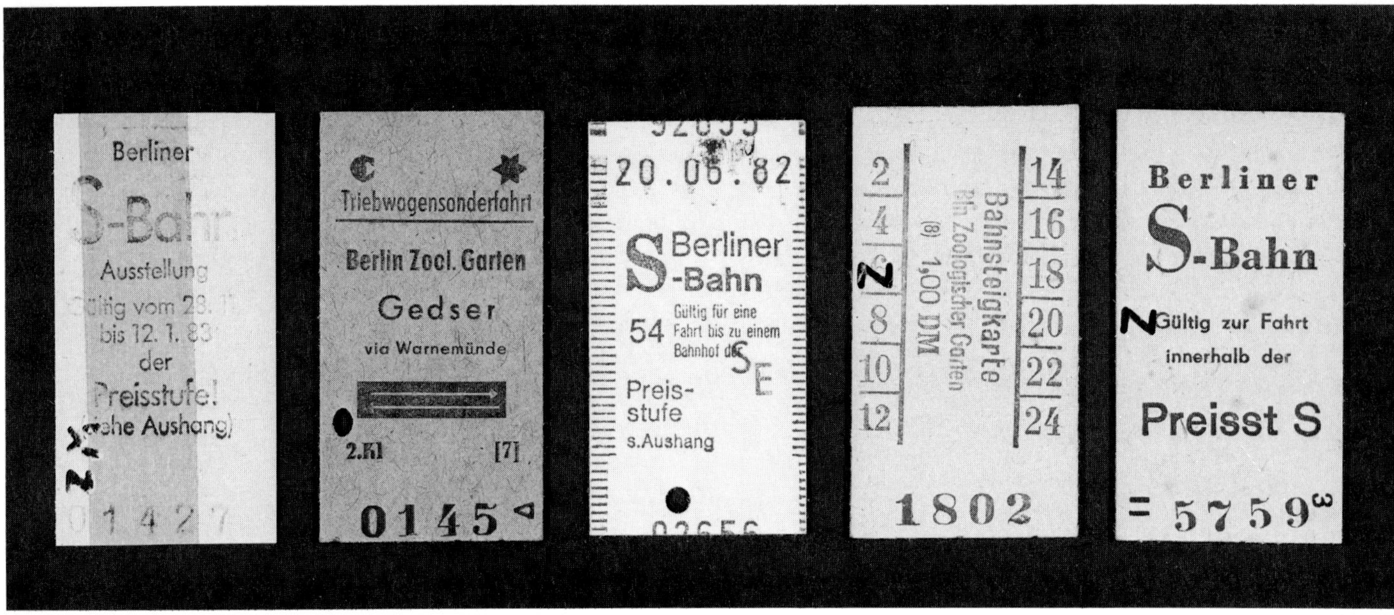
Berliner
Ausstellung
der
Triebwagensonderfahrt
Berlin Zool. Garten
Gedser
via Warnemünde
2.Kl
[7]
0145
20.06.82
Berliner
S-Bahn
Gültig für eine
Fahrt bis zu einem
Bahnhof der
54
Preis-
stufe
s.Aushang
2 4 6 8 10 12
Bahnsteigkarte
Bln Zoologischer Garten
1,00 DM
14 16 18 20 22 24
1802
Berliner
S-Bahn
Gültig zur Fahrt
innerhalb der
Preisst S
5759

OLOGISCHER GARTEN
Persil Persil
TERRASSEN AM ZO
14 Freie Berliner Kunstausstellung
DUNLOP

Hundert Jahre Bahnhof Zoo

Es hat nicht an gutgemeinten Versuchen gefehlt, der Eisenbahn in West-Berlin wieder mehr Freunde zuzuführen. Eine S-Bahn-Ausstellung im Künstlerhaus Bethanien Ende 1982, eine Schau zum 100. Geburtstag des Fernbahnhofs Zoologischer Garten 1984, die Triebwagen-Sonderfahrten nach Gedser und die Dampflokfahrten der Reichsbahn sind hierunter zu zählen. Einige Fahrkarten aus jenen Jahren sind links oben zu sehen, darunter der Bahnhof Zoo in seinem Jubiläumsjahr. 1987 wurde der fünfzig Jahre alte Neubau für 90 Millionen Mark vollkommen überholt und zu einem ansprechenden Tor der Halb-Stadt gemacht. Der Einsatz von TEE-Triebwagenzügen der Bundesbahn als Intercityzug „Max Liebermann" der Deutschen Reichsbahn von Hamburg nach Berlin ist erst 1990 zustandegekommen, doch ernsthafte Gespräche über den Neubau und die Elektrifizierung einer Transitstrecke nach Hannover wurden damals geführt. Seit 1993 hängt auch über der Berliner Stadtbahn an der Fasanenstraße (Bild oben) der Fahrdraht.

Vollring
A
1
ET 165 358

S
51 WANNSEE
51 ANHALTER BAHNHOF
BVG
480 002
Gefördert durch
BMFT
UND DEN
SENATOR FÜR
WISSENSCHAFT
UND FORSCHUNG

Zwischen Museum und moderner Technologie

Die BVG ließ die Hauptuntersuchungen ihrer Anfang 1984 übernommenen 115 Triebwagen und Beiwagen der Bauart „Stadtbahn“ bei der Waggon-Union in Borsigwalde durchführen. Die Züge waren fast sechzig Jahre alt, und der ET 165 358 hat sogar schon im Museum gestanden: 1985 war er zur Hundertfünfzigjahrfeier der Eisenbahn in der neuen Halle des Nürnberger Verkehrsmuseums zu sehen, dann aber nach Berlin zurückgekehrt (Bild links oben). Eines Tages wird er hoffentlich mit der BVG-Fahrzeugsammlung in das Berliner Museum für Verkehr und Technik einrücken, dessen Eisenbahn-Ausstellung in den wiederaufgebauten Lokschuppen des Bahnbetriebswerks Anhalter Bahnhof installiert wurde. Einen hochmodernen S-Bahn-Zug hat die Arbeitsgemeinschaft von BVG, Waggon-Union, AEG und Siemens mit der Reihe 480 entwickelt, die im Oktober 1986 vorgestellt wurde. Zunächst war offen, ob diese Wagen traditionell rot-gelb oder blaugrau glänzen sollten. Die Prototypen führten beide Varianten vor und verkörperten auch damit Geschichte und Zukunft der Eisenbahn in Berlin.

Der Blick aus der Luft ging im Mai 1998 über die Museumsinsel an Spree und Kupfergraben auf die sanierte Stadtbahnstrecke mit den Bahnhöfen am Hackeschen Markt (früher: Börse, dann: Marx-Engels-Platz) und am Alexanderplatz. Am rechten oberen Bildrand ist die Jannowitzbrücke zu erkennen.

9. Kapitel

„Und neues Leben blüht aus den Ruinen ...“ (1987 - 2000)

Der berühmte Satz aus Schillers Drama „Wilhelm Tell“ hat sich auch im Berliner Eisenbahnwesen wieder bewahrheitet: Das Datum vom 13. August 1961 mit dem Bau der Berliner Mauer ist in die deutsche Geschichte eingegangen, ebenso das Datum vom 9. November 1989 mit dem Fall dieses historischen Bauwerks. Die Mauer hatte nicht nur die Menschen in der Stadt voneinander getrennt, sondern ihretwegen auch die Bahngleise an vielen Stellen in Berlin zerschnitten. Die einst so prächtige Berliner Eisenbahnlandschaft war zu einem Trümmerfeld verfallen. Nun sah 1990 plötzlich wieder alles ganz anders aus: Die Bundesrepublik und die DDR mußten zu einem gemeinsamen Staat verwachsen, und ebenso haben sich die Reichsbahn und die Bundesbahn zu einem Unternehmen mit dem Namen „Deutsche Bahn AG“ zusammengeschlossen. Zugleich wurden auch die beiden S-Bahn-Systeme der Deutschen Reichsbahn und der BVG zu einer Betriebsgesellschaft vereinigt. Alle planten, projektierten und bauten für die Metropole nun ein Bahnnetz, das auch im 21. Jahrhundert funktionieren muß.

Es ist wohl normal im Leben, daß nicht sämtliche Pläne in der erwarteten Zeit und zu den vorausberechneten Kosten realisiert werden können. Über den „teuren Weg zum Bahnknoten“ hat der Berliner Journalist Klaus Kurpjuweit ein Jahrzehnt später, am 4. Juni 2000, in der Zeitung „Der Tagesspiegel“ geschrieben: „Die Bahn speckt ihre anspruchsvollen Ausbaupläne ab. Die beiden gläsernen Bürohochhäuser über dem Lehrter Bahnhof werden nicht gebaut. Wenn sich in den nächsten 18 Monaten kein Investor für die sogenannten ‘Bügelbauten’ findet, wird einzig ein 60 Meter hoher Abluftkamin über dem Zentralbahnhof entstehen. Hintergrund ist, daß die Bahn sparen muß: Für 10,6 Milliarden Mark sollten die Fernverkehrsanlagen der Bahn nach der Einheit ausgebaut werden. Inzwischen sind 6,7 Milliarden Mark verbaut - und der Kostenrahmen ist bereits weit überschritten. Der Nord-Süd-Tunnel unter dem Tiergarten und der neue Lehrter Bahnhof werden zusammen mindestens eine Milliarde Mark teurer als veranschlagt. Welche Projekte gestrichen oder gestreckt werden, will die Bahn mit der Simulation eines neuen Betriebskonzepts herausfinden. Weitere Sparentscheidungen wird es beim Ausbau des S-Bahn-Netzes geben, wofür bislang 10 Milliarden Mark vorgesehen waren. Davon wurde ein Großteil bereits ausgegeben.“

„Die erste Viaduktbahn durch eine Stadt in Europa mit ihren je zwei Gleisen für die Fernbahn und die heutige S-Bahn wurde zwischen 1994 und 1998 für rund 2 Milliarden Mark saniert. Auch dabei wurden die ursprünglichen Kosten- und Terminvorgaben überschritten. Das Vorhaben ist Teil eines Plans, die Stadt wieder zum Eisenbahnknoten zu machen, vor allem durch den Neubau einer Nord-Süd-Verbindung und das Nordkreuz. Dieses wird mit seinen zahlreichen Brücken und Unterführungen und dem Bahnhof Gesundbrunnen, der bereits im Bau ist, rund 2 Milliarden Mark kosten. Für die unterirdische Nord-Süd-Verbindung gab es bereits seit Anfang des 20. Jahrhunderts Pläne, die nie verwirklicht wurden. Erst nach 1990 wurden diese Pläne wieder aktuell, und seit 1995 laufen die Arbeiten am Tunnel unter dem Tiergarten. Rund 4 Milliarden Mark sollte die 3,5 Kilometer lange Tunnelanlage mit den neuen Bahnhöfen Lehrter Bahnhof, Potsdamer Platz und Papestraße ursprünglich kosten. 2002 wollte man fertig sein; jetzt fahren frühestens Ende 2005 die ersten Züge durch den kompletten Tunnel.“

BERLIN HAUPTBAHNHOF
S
TAXI

Der „Fall der Mauer" über den Schienensträngen

Als im Herbst 1988 in der damals noch geteilten Stadt das Jubiläum „150 Eisenbahn von Berlin nach Potsdam" gefeiert wurde, bot die bereits seit 1961 andauernde Unterbrechung der „Stammbahn" auf dem Bahnhof Zehlendorf (Bild links oben) ein bemerkenswertes Fotomotiv. 1988 wurde auch noch der Berliner „Hauptbahnhof" am östlichen Ende der Stadtbahn vorläufig in Betrieb genommen, ein Symbol für die damalige „Hauptstadt der DDR", deren Ende sich mit dem 9. November 1989 bereits anbahnte (Bild links unten). Das Bauwerk wurde nach dem Fall der Mauer nicht mehr vollendet, sondern einigen Umplanungen und schließlich dem Abriß unterzogen. Seit dem 15. Mai 1998 trägt die Station wieder den Namen „Berlin Ostbahnhof". Besonders markant war der Wegfall der Grenzsperren auf dem Bahnhof Friedrichstraße, der von 1961 bis 1989 ganz offensichtlich von einem Durchgangsbahnhof zum doppelten Kopfbahnhof gemacht worden war. Im Frühjahr 1990 ließen sich an der Westseite des Bahnsteigs C intensive Gleisbauarbeiten zur Wiederaufnahme des durchgehenden S-Bahn-Verkehrs auf der Stadtbahn beobachten (Bild unten). Ab 15. Juni 1990 fuhren hier die Züge wieder durch. Heute ist der „Tränenpalast" am Bahnhof Friedrichstraße kein Amtsgebäude der Grenztruppen mehr, sondern ein Veranstaltungslokal. Im September 1999 wurde der vollständig renovierte Bahnhof Friedrichstraße dem Betrieb übergeben; leider halten hier keine ICE-Züge mehr.

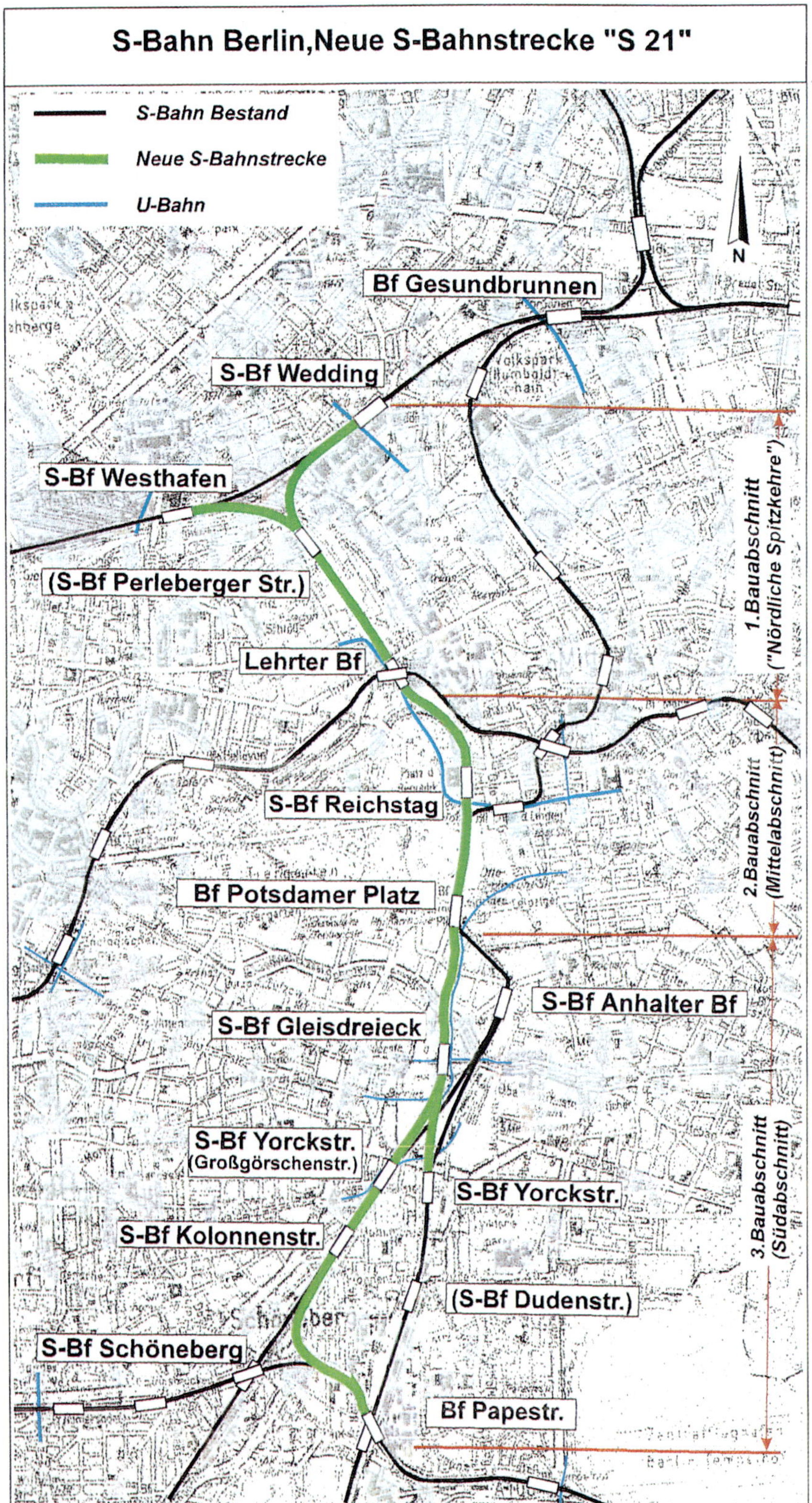
S-Bahn Berlin,Neue S-Bahnstrecke "S 21"
S-Bahn Bestand
Neue S-Bahnstrecke
U-Bahn
N
Bf Gesundbrunnen
S-Bf Wedding
S-Bf Westhafen
(S-Bf Perleberger Str.)
Lehrter Bf
S-Bf Reichstag
Bf Potsdamer Platz
S-Bf Anhalter Bf
S-Bf Gleisdreieck
S-Bf Yorckstr.
(Großgörschenstr.)
S-Bf Yorckstr.
S-Bf Kolonnenstr.
(S-Bf Dudenstr.)
S-Bf Schöneberg
Bf Papestr.
1.Bauabschnitt
("Nördliche Spitzkehre")
2.Bauabschnitt
(Mittelabschnitt)
3.Bauabschnitt
(Südabschnitt)

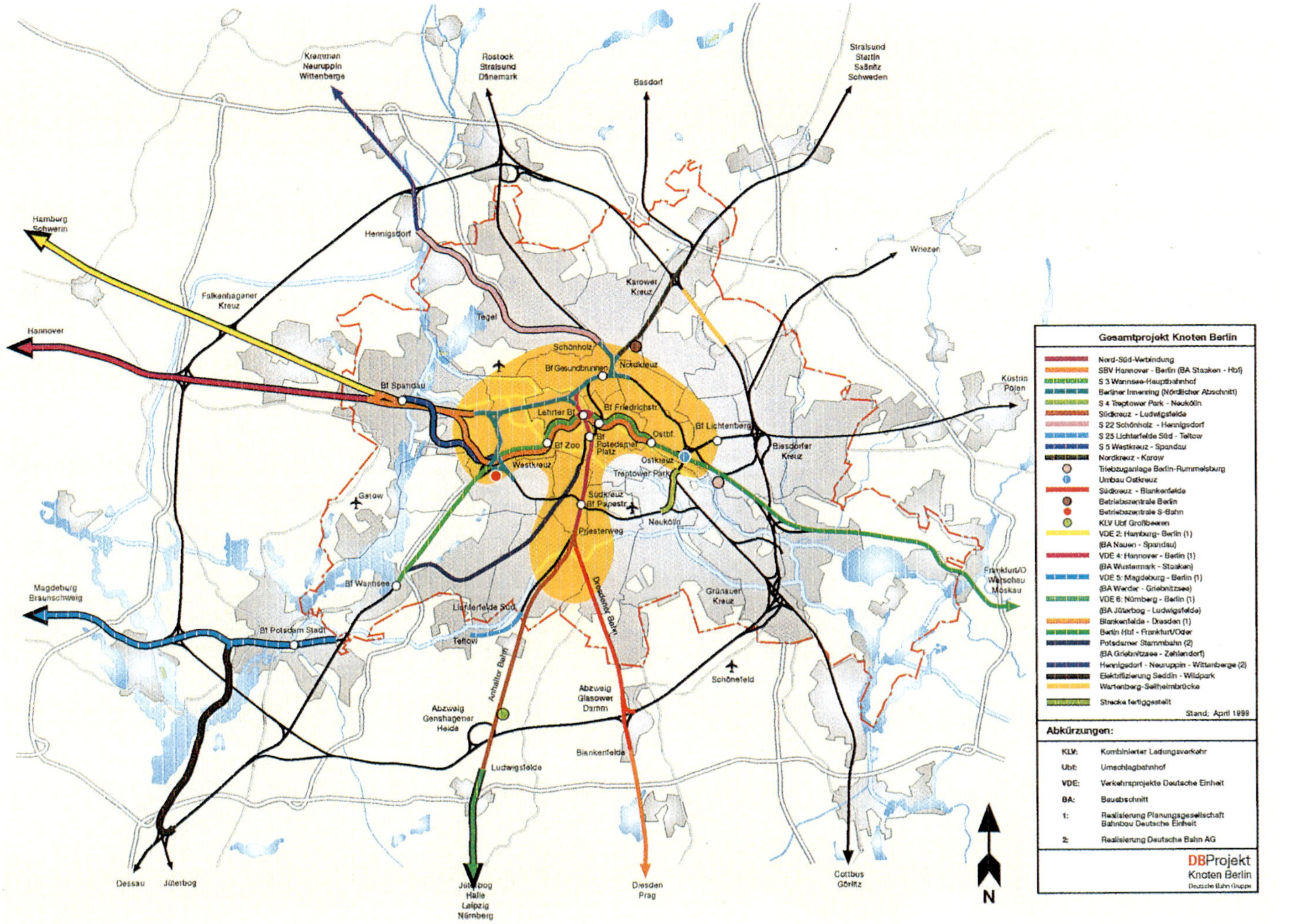

Das „Pilzkonzept“ und die Bahnen im „Zentralen Bereich“

Ein Blick zurück auf das Jahr 1990: Nachdem Regierung und Parlament im wiedervereinigten Deutschland sich dafür entschieden hatten, Berlin zum Regierungssitz zu machen, mußten auch Städtebau und Verkehrswege im „Zentralen Bereich“ zwischen Moabit, Brandenburger Tor und Schöneberg geplant werden. Zur Neuordnung des Berliner Schienenfernverkehrs setzte sich schließlich das 1992 verabschiedete „Pilzkonzept“ durch. Es hat seinen Namen von einem Bild auf der Landkarte, das sich aus den wichtigsten Strecken ergibt: Der „Hut“ besteht aus der Stadtbahn und aus dem reaktivierten Nordring, während sein „Stiel“ von einem - bekanntlich schon seit 1910 vorgeschlagenen - Tunnel für Fernbahn und Regionalverkehr unter der Stadt gebildet wird.

Im Rahmen des Pilzkonzepts waren im Zentralen Bereich der Stadt drei Fernbahnhöfe neu zu bauen (Lehrter Bahnhof, Potsdamer Platz, dazu Papestraße als „Südkreuz“) und zwei weitere Standorte (Gesundbrunnen als „Nordkreuz“ sowie Friedrichstraße) umfassend zu sanieren. Nimmt man die Stationen Spandau, Zoologischer Garten, Alexanderplatz und den Ostbahnhof hinzu, läßt es sich in Berlin durchaus von einem polyzentrischen System mit 5 bis 10 großen Fernbahnhöfen und mehr als 145 Haltestellen der S-Bahn sprechen. Über diese Pläne informieren die Schaubilder mit den Verkehrswegen im Zentralen Bereich von Berlin (links) und mit dem Pilzkonzept für die Berliner Eisenbahn im 21. Jahrhundert (oben). Damit hat sich wieder einmal der alte Satz bewahrheitet, daß eine Hauptstadt niemals einen „Hauptbahnhof“ besitzt.

Das Schienenkreuz am „Lehrter Bahnhof“ von Berlin

Nach den aktuellen Eisenbahnplanungen für Berlin mußte im Schnittpunkt der west-östlich verlaufenden Stadtbahnstrecke mit dem geplanten Nord-Süd-Tunnel, also am Standort des historischen Lehrter Bahnhofs, ein modernes Umsteigebauwerk entstehen. Etwa 30 Millionen Fahrgästen im Jahr werden hier erwartet. Im Herbst 1992 wurden zwei namhafte Architekturbüros mit Entwürfen beauftragt. Die Projektstudie von Josef Paul Kleihues, der auch den Hamburger Bahnhof an der Invalidenstraße zum „Museum für Gegenwart“ umgebaut hat, sah einen quadratischen Block von 150 Meter Kantenlänge vor, welchen das Bild unten im Modell zeigt. Den Vorzug erhielt jedoch ein Entwurf der Hamburger Architekten von Gerkan, Marg und Partner. Meinhard von Gerkan hat auch den Flughafen Tegel erbaut. Kennzeichen dieses Projekts sind das 430 Meter lange Hallendach über der Stadtbahn und die beiden quer darüber liegenden „Bügelbauten“ für Büros. Die Bilder rechts zeigen oben den Zustand des Geländes in Moabit im Herbst 1992 und darunter ihr gleichzeitig entstandenes Modell des projektierten „Lehrter Bahnhofs“ im Maßstab 1:500. Unter der Erde muß man sich dazu die Tunnelstrecke vorstellen, die auch mit Tageslicht erhellt wird. Baubeginn war 1994; der Eröffnungstermin für das Milliardenprojekt am Lehrter Bahnhof wurde mehrfach verschoben.

Gleis
4
Potsdam Stadt
Savignyplatz
Gleis
3

Denkmalpflege und Modernisierung der Stadtbahn

Die Stadtbahn hat von der Wiedervereinigung profitiert und zugleich unter ihr gelitten. Vom Bauwollen ihrer Zeit um 1880 künden heute nur noch die Gesamtanlage sowie die beiden Stationen „Bellevue“ (Bild links oben) und „Hackescher Markt“. Ihre 1998 beendete architektonische Überarbeitung ist durchaus gelungen, und täglich pulsiert dort ein großstädtisches Leben, das die S-Bahn so lange entbehren mußte. Dagegen war der erst 1987 renovierte „Lehrter Stadtbahnhof“ wegen der Neubaupläne an diesem Platz ab 1992 zum Untergang verurteilt. Auch auf dem 1896 eröffneten Bahnhof Savignyplatz in Charlottenburg waren im Sommer 1994 moderne Sitzbänke und Fahrtzielanzeiger mit „alten“ Namen zu sehen: Seit dem 13. August 1961 konnte man vom Savignyplatz nicht mehr direkt nach Königs Wusterhausen oder Potsdam fahren (Bild links unten). Ebenso bedürfen die Backsteinbauten der jüngeren „Stadtbahn-Elektrisierung“ von 1924 bis 1933 der Pflege und des Wohlwollens: Die sogenannten Gleichrichterwerke und Unterwerke in Tegel (Bild unten), in Schöneberg, in Neubabelsberg und an der Planckstraße im Stadtbezirk Mitte sind längst zu unverzichtbaren Bestandteilen der Berliner Topographie geworden.

Neue S-Bahn-Züge für die deutsche Hauptstadt

Zwischen 1990 und 1994 wurden von den auf Seite 372 unten vorgestellten S-Bahn-Zügen der „West-Berliner“ Baureihe 480 mit Allachsantrieb in mehreren Raten insgesamt 85 Doppeltriebwagen beschafft. Weil sie ursprünglich nur für Kurzstrecken unter BVG-Regie gedacht waren, besitzt jeder Viertelzug zwei Führerstände. Ein ähnlich moderner Fahrzeugtyp ist auch im Osten der Stadt entwickelt worden. Er wurde von 1989 bis 1992 als Baureihe 485 in einer Auflage von 166 Doppel-Exemplaren gebaut. Traditionell besitzt jeder Viertelzug aus Triebwagen und Beiwagen nur einen Führerstand; rechts oben ein Zug im Bahnhof Friedrichstraße. Anschließend entstand der einheitliche Wagentyp für die wieder vereinigte Berliner S-Bahn: Im Juli 1994 haben die Firmen DWA und AEG ein Designmodell ihrer Baureihe 481 vorgestellt, das wegen seiner großen Frontscheibe bald den Spitznamen „Taucherbrille“ bekam. Über seine Farbgebung wurde lange debattiert, bis sich endlich die traditionelle rot-gelbe Lackierung durchsetzen konnte. Rechts unten ein Bild dieses Typs auf der Stadtbahn an der Charité. Anfang 1996 war Lieferbeginn dieses Typs, und bis zum Jahr 2004 sollen 500 Viertelzüge davon auf die Schienen gestellt werden. Deshalb konnten im Dezember 1997 die letzten „Stadtbahnzüge“ des Baujahres 1928 ausgemustert werden. Im Juli 1999 wurde eine ganz auffällige Konstruktion vorgestellt, nämlich der Umbau eines dreiteiligen Zuges der Baureihe 477 in der Hauptwerkstatt Schöneweide zur „Panorama-S-Bahn“ mit großen Seitenscheiben und bequemen Sesseln für Stadtrundfahrten auf der Schiene; Bild unten.

S9
Schönefeld

Potsdam Stadt

Der neue „Hauptbahnhof von Spandau“

Bei der Planung der seit 1986, also noch zu Mauerzeiten, zwischen der Bundesrepublik Deutschland und der DDR verhandelten Schnellbahnstrecke Hannover - Berlin ging man im Westen der Stadt davon aus, daß dafür auch ein moderner Bahnhof in Spandau oder am Westkreuz entstehen sollte. Er war als ein Gegenpol zum immer stärker ignorierten „Bahnhof Zoo“ der Reichsbahn gedacht. Den Wettbewerb der West-Berliner Stadtentwickler zum Entwurf des Bahnhofs in Spandau hatte im September 1991 der spanische Architekt Santiago Calatrava Valls gewonnen, dem wir auch die jüngste Fassung der Oberbaumbrücke für die Berliner Hochbahn verdanken. Sein anspruchsvoller Entwurf blieb aber ein Modell, weil er sich wirtschaftlich nicht rechnete (Bild unten).
Am 27. September 1998 wurde die Schnellbahn von Hannover über Stendal nach Berlin eröffnet; dort fahren ICE-Züge mit 250 km/h Geschwindigkeit. Dazu ging in Spandau zwischen Mai 1997 und Dezember 1998 schrittweise ein Bahnhofsneubau in Betrieb, den wieder die Architekten von Gerkan, Marg und Partner gestaltet hatten (Modellfoto rechts oben). Seine Baukosten beliefen sich auf 105 Millionen Mark. Die weitgespannten Hallen und langgestreckten Bahnsteige haben viel Anerkennung gefunden, doch wurde der Bau des eigentlichen Empfangsgebäudes als Einkaufszentrum unter dem Titel „Spandau-Arcaden“ der Privatwirtschaft überlassen. Der alte Spandauer Bahnhof heißt jetzt „Stresow“ und dient nur noch der S-Bahn.
Auch am Gesundbrunnen entstand ein neuer Fernbahnhof mit dem braven Namen „Nordkreuz“, entworfen von dem Architekten Axel Oestreich. Während das Einkaufszentrum neben dem Bahnhof im Mai 2000 (Bild rechts unten) schon florierte, ließ das klassische Empfangsgebäude ebenfalls noch auf sich warten.

65 1057

Vergangenheit und Zukunft der Eisenbahn in Berlin

Positive Folgen hat die deutsche Vereinigung für das Berliner Verkehrswesen auch auf Nebengebieten gehabt: Der Club der „Berliner Eisenbahnfreunde“ konnte mit seinen Dampflokomotiven endlich wieder in das Umland hinausfahren und hat an der „Heidekrautbahn“ in Basdorf ein geräumiges Domizil gefunden. Dafür sind die weitläufigen Anlagen am Bahnhof Tegel nach dem Weggang der französischen Truppen aus der Stadt verwaist. Das Bild links oben zeigt die Dampflok 65 1057 des Vereins im August 1992 in Tegel. Auch der 1888 gebaute Hofwagen des letzten deutschen Kaisers konnte am 11. Juni 1993 endlich wieder in ein Berliner Technikmuseum rollen, nachdem langwierige Verhandlungen mit der Deutschen Reichsbahn und dem Verkehrsmuseum Dresden vorangegangen waren (Bild links unten). Seit dem Kriegsende war der Wagen in Dresden verborgen gewesen, ab 1991 hatte ihn das Reichsbahn-Ausbesserungswerk Potsdam äußerlich wieder instandgesetzt.
Gegenwart und Zukunft der Eisenbahn in Berlin sind draußen, am Bahnhof und an der Strecke, im Tunnel und auf den Viaduktbögen zu finden: Wer hätte es sich vor 1989 träumen lassen, daß einmal die klassischen Bundesbahn-Lokomotiven E 103 und V 218 ebenso selbstverständlich über die Berliner Stadtbahn fahren würden wie die früheren Reichsbahn-Maschinen V 132 und E 143? Wer hätte damals gedacht, daß der ICE im Taktfahrplan (im Bild unten eine Szene an der Jannowitzbrücke mit dem zeitweiligen Verwaltungsgebäude der DB im November 1999) hier einmal zum Stadtbild gehören würde wie der Doppeldeckerbus, und wer mochte glauben, daß die privatisierte Deutsche Bahn AG einmal ihren Hauptsitz am Potsdamer Platz in Berlin nehmen würde? Kurzum: Für die Berliner Eisenbahnen hat die Zukunft wieder einmal begonnen ...

Seit dem 26. Mai 2006 treffen Fernzüge im „Berliner Hauptbahnhof“ ein, also an der Stelle des alten, am 28. August 1951 stillgelegten „Lehrter Bahnhofs“ von Berlin (siehe Seite 28). Auch der alte Lehrter Stadtbahnhof war im Sommer 2002 abgebrochen worden. Auf die Position des neuen Nord-Süd-Tunnels der Fernbahn weisen über der Erde die beiden „Bügelbauten“ hin. Die Lage des Hauptbahnhofs zugleich in einer Kurve der Stadtbahn macht ihn zu einem wichtigen Umsteigepunkt, auch wenn das nicht seine vornehmste Funktion sein mag. Oben in der Luftaufnahme vom 23. Mai 2006 sind der Humboldthafen, rechts die Spree mit dem nahen Regierungsviertel und links die Invalidenstraße zu sehen.

10. Kapitel

Berlins Eisenbahnen im 21. Jahrhundert (2000 – 2010)

Im zweiten Jahrzehnt seit dem Fall der Mauer gingen Erneuerung und Reparatur des Berliner Eisenbahnnetzes mit Riesenschritten voran. Nach einer langen Planungsphase konnten nun neue Bahnhöfe gebaut und eröffnet werden: Allen voran der prominente Berliner „Hauptbahnhof" nach einem Entwurf des Hamburger Architekten Meinhard von Gerkan. Er sah am Standort des einstigen Lehrter Bahnhofs von Berlin unweit der Spree eine kühne gläserne Halle im rechten Winkel über einem neuen Nord-Süd-Tunnel der Eisenbahn vor. Die Bauleitung lag in den Händen des in Kairo geborenen Bauingenieurs Hany Acer.
Schon in der Planungsphase wurde aber die Errichtung einer unterirdischen S-Bahn-Linie „S 21" (siehe Seite 378) auf die Zeit nach 2010 verschoben, so dass bislang nur auf der Stadtbahnstrecke auch S-Bahnen den Hauptbahnhof erreichen. Bei dem Bau hat es an weiteren Streichmaßnahmen nicht gefehlt. Um den Eröffnungstermin zur Fußball-Weltmeisterschaft im Frühsommer 2006 unbedingt einzuhalten, ließ der damalige Bahnchef Hartmut Mehdorn die beiden geschwungenen „Spitzen" des Glasdachs nicht mehr aufstellen, obwohl sie bereits angefertigt waren und eingelagert werden mussten. Nun stehen viele Fahrgäste gelegentlich im Regen. Weiterer Streit mit dem Architekten kam auf, als im Tunnel die Decke über den Bahnsteigen nicht nach dessen Plänen in einer eindrucksvoll geschwungenen Form ausgeführt wurde, sondern eine ganz schlichte Form bekam. Im Westen Berlins beklagt man, dass die Fernzüge am Zoologischen Garten nicht mehr anhalten. Das städtische Neubaugebiet rund um den Hauptbahnhof muss sich erst noch entwickeln. Es wird vor allem entlang der Heidestraße auf ehemaligem Bahngelände entstehen, das durch den Rückgang des Güterverkehrs frei wurde.
Die wichtigsten verbliebenen Bauaufgaben der Eisenbahn im Berliner Raum für die kommenden Jahre sind am pulsierenden Bahnhof Ostkreuz im Stadtteil Friedrichshain sowie am Bahnanschluss des neuen „Flughafens Berlin-Brandenburg International" in dem südöstlichen Vorort Schönefeld zu erblicken. Verzögerungen der Bauarbeiten kamen bereits durch mehrfache Umplanungen wie durch Einsprüche betroffener Anlieger zustande. Mit dem „Airport-Express" wird man aus der Berliner City zum Flughafen Schönefeld voraussichtlich zunächst nicht auf den nahe liegenden Gleisen der Dresdener Bahn fahren können, sondern den südlichen Berliner Außenring zum Flughafen nur über die Gleise der Anhalter Bahn erreichen.
Wo vieles neu gebaut wird, musste manches Alte fallen: Mehrere „ostmoderne" Bahnhofsbauten der Reichsbahn aus den fünfziger Jahren wie am einstigen Potsdamer Hauptbahnhof in der Pirschheide, am Berliner Ostbahnhof (Seite 308), in Gesundbrunnen (Seite 342), Halensee und an der Schönhauser Allee (Seite 335) oder in Adlershof sind aus dem öffentlichen Bewusstsein bereits verschwunden. Ihre herbe Schönheit war nicht jedem bewusst. In diesem Buch lässt sich beim Vergleich der jüngsten, farbigen Aufnahmen des Fotografen Bodo Schulz auf den folgenden Seiten mit den historischen Bildern im vorderen Teil oftmals erkennen, wie stark sich die Berliner Eisenbahnlandschaft während der rund 175 Jahre ihres Bestehens seit dem Bau der Berlin-Potsdamer Bahn von 1838 immer wieder verändert hat.

DB
DB

Zug endet hier
EC 46
13
von Warszawa Wscl
C
KÖNIGS
GRÄBER
DER
SKYTHEN
371 003-5

Berlin Hauptbahnhof

Der Bahnbetrieb am neuen Berliner Zentralbahnhof ist vielfältig. Die Bahnverwaltung bemüht sich stets um allerlei „Events“ wie am 16. Oktober 2008 um die Teilnahme am „Festival of Lights“ über dem Washingtonplatz vor dem südlichen Haupteingang (Bild links oben) oder um eine hübsche Weihnachtsdekoration. Züge aus Richtung Warschau in Polen wie der Euro-City 46 werden von elektrischen Mehrsystemlokomotiven befördert, so am 31. August 2007 von einer anderweitig nicht benötigten Maschine der Tschechischen Bahnen (Bild unten links). Dem Architekten war bei Anlage des Fernbahntunnels im Berliner Hauptbahnhof sehr wichtig, dass man dessen Gleise auch aus den oberen Etagen des Bahnhofs gut zu erkennen und mittels mehrerer Fahrstühle rasch zu erreichen vermag. Reisenden wie denen vom 4. Oktober 2006 kann es dabei niemals schnell genug gehen (Bild rechts oben). Die weiträumige Halle unter der Erde bietet mit ihren vier Bahnsteiggleisen noch immer Raum für erheblich mehr als die bescheidene Zahl von Zügen, welche man heute an dieser Stelle beobachten kann. Am 29. Mai 2006 wurde dort der Nachtzug EN 210 nach Malmö Central auf seine Abfahrt um 23.23 Uhr vorbereitet. Die Lok 109-3 der „Scandlines“ und der „Georg Verkehrsorganisation GmbH“, eine ehemalige E 11 der Reichsbahn, hatte den Leerzug gebracht und musste dazu noch an das andere Zugende umsetzen (Bild rechts unten).

Noch einmal: neue Bahnhöfe in der Hauptstadt

Neben dem Hauptbahnhof/Lehrter Bahnhof wurden in Berlin seit dem Fall der Mauer noch mehrere andere Bahnhofsbauten errichtet und in Betrieb genommen, zumeist im Zusammenhang mit dem Neubau des Nord-Süd-Tunnels der Fernbahn. Die Aufnahme unten vom 27. Mai 2006 zeigt einen Sonderzug zum Fahrplanwechsel auf den Fernbahngleisen am Bahnhof Potsdamer Platz, der am Vortag eröffnet wurde. Der Haltepunkt wurde nach Plänen der Büros Hilmer & Sattler, Hermann + Öttl sowie Modersohn Freiesleben errichtet. Hier befindet sich das Herz der neuen Stadt, in einem nahe gelegenen Hochhaus am Potsdamer Platz 2 ist auch die Bahnzentrale untergebracht. Das Bild rechts oben ist zehn Tage später entstanden und berichtet vom neuen Bahnhof Berlin-Südkreuz an der Ringbahn, nicht weit vom alten Bahnhof Papestraße entfernt. Die Pläne des Architekten- und Ingenieurbüros JSK wurden immer wieder verändert, zeitweilig war auch Max Dudler am Entwurf beteiligt. Die Ringbahnhalle konnte am 13. Juni 2005 erstmals angefahren werden, der Fernbahnteil wurde am 25. Mai 2006 in Betrieb genommen. Schließlich rechts unten der in zwei Etappen bereits 1997/98 eröffnete Bahnhof Berlin-Spandau. Die lichtdurchflutete Halle lässt ihn wieder als Werk des Architekten Meinhard von Gerkan erkennen. Die Aufnahme vom 15. Dezember 2006 zeigt einen speziellen Messzug mit der Bundesbahn-Lokomotive 103 222-6. Links befindet sich ein Bahnsteig für Züge der Berliner S-Bahn, im Hintergrund steht das Spandauer Rathaus.

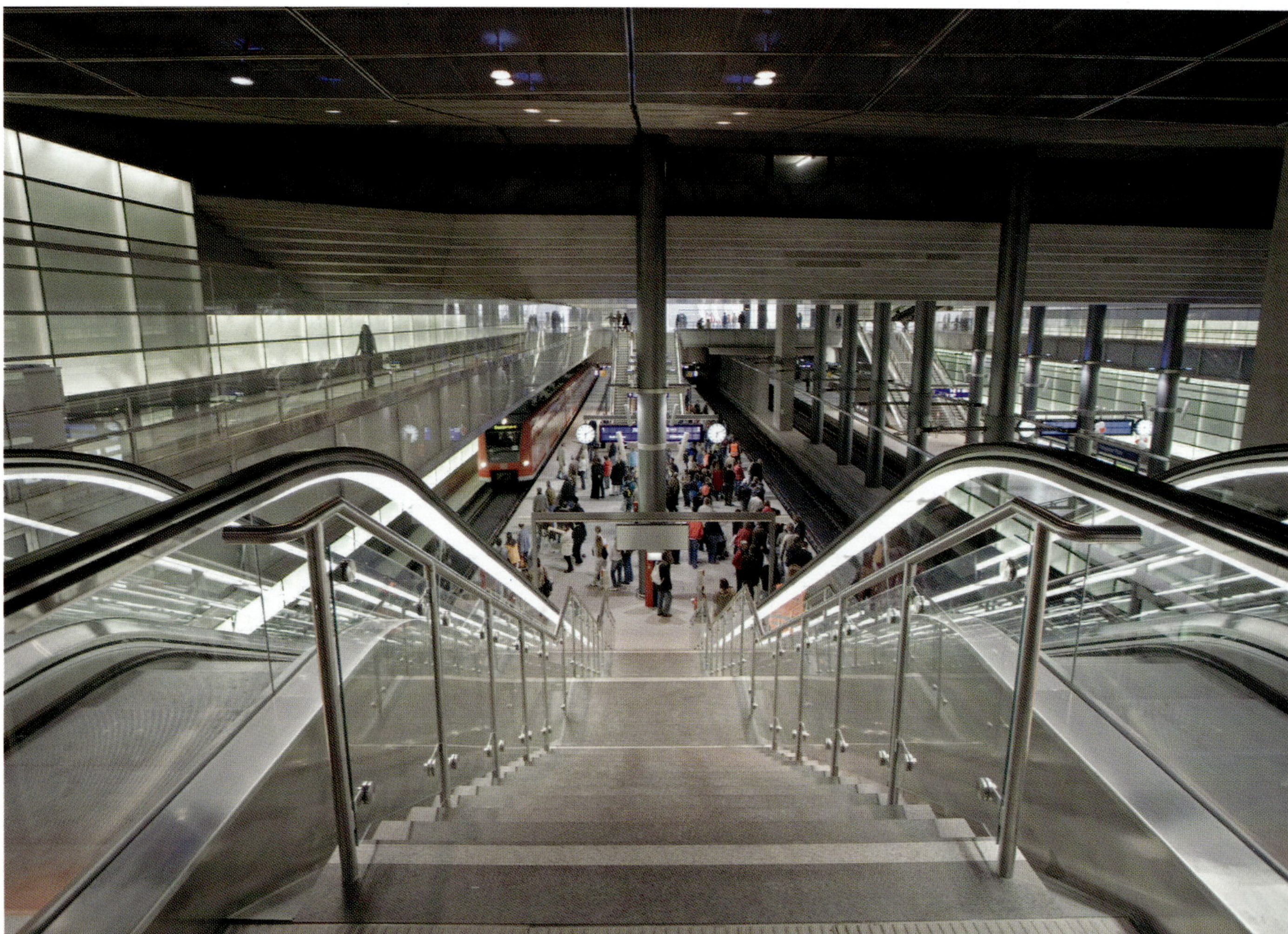

DB
Berlin Südkreuz
S
APOTHEKE

DB
103 222-6
E

Ein Tunnel für die Zukunft

Der südliche Eingang des Berliner Fernbahntunnels liegt auf dem einstigen Potsdamer Güterbahnhof (Bild links oben vom 15. März 2007). Der Blick nach Norden lässt Hochhäuser am Potsdamer Platz erkennen, in der Bildmitte überquert die U-Bahn-Strecke vom Gleisdreieck zur Kurfürstenstraße das Brachland. Die Elektrolok der Baureihe 101 zieht ihren Zug. Am nördlichen Ende des Tunnels hat man dem seit 28. Mai 2006 von Fernzügen benutzten Bahnhof Gesundbrunnen (Bild links unten vom 12. Juni 2006) die Bezeichnung „Nordkreuz" nicht gegeben. Hier kreuzt ein weiterer Intercity-Zug mit Elektrolok der Baureihe 101 die Ringbahnstrecke der S-Bahn; hinten ist die „Millionenbrücke" von Seite 95 zu erkennen. Lebhafter Güterverkehr lässt sich auf dem Nordring von der Putlitzbrücke herab (Bild rechts oben vom 12. Juli 2009) beobachten. Die Lokomotive 185 630-1 der Häfen und Güterverkehr Köln AG schleppt einen Kesselwagenzug nach Ruhleben. Am linken Bildrand ein Mahnmal zur Erinnerung an die Deportation der Berliner Juden, wofür auch Gleise am Güterbahnhof Moabit benutzt wurden. Im Hintergrund befinden sich der Ringbahnhof Westhafen und das Heizkraftwerk Moabit. Auf dem Gelände des einstigen „Hamburger und Lehrter Güterbahnhofs" mit dem Containerbahnhof Heidestraße steigt heute die Fernbahnrampe vom Nord-Süd-Tunnel in Richtung Westhafen empor (Bild rechts unten vom 23. Juni 2006), der ausnahmsweise von einer Wechselstrom-S-Bahn der Baureihe 423 befahren wurde. Einen Güterzug mit Containerwagen hatte die Diesellok Nr. 10 der Behala (Berliner Hafen- und Lagerhaus-AG) am Haken.

Hapag-Lloyd
Hapag-Lloyd
Hapag-Lloyd
Containerbahnh

41 1144-9
PODOLSKI
20

Traditionszüge in Berlin

Mancher erfreuliche Ansatz zur Eisenbahn-Traditionspflege ist auch in Berlin spürbar, so durch die „Berliner Eisenbahnfreunde“ mit ihrem Stützpunkt in Basdorf an der Heidekrautbahn oder durch die „Dampflokfreunde Berlin“ mit ihrem Quartier in Schöneweide. Das Bild links oben, am frühen Morgen des 21. März 2009 entstanden, zeigt eine Sonderfahrt der Serie „Berlin macht Dampf“ nach Dresden mit der rekonstruierten Reichsbahn-Güterzuglok 52 8177-9 der Dampflokfreunde, als sie den Bahnhof Tempelhof am Südring von Schöneweide und Baumschulenweg nach Westen durchquert. Das Stellwerk neben der Signalbrücke war oben bereits auf Seite 126 einmal zu sehen. Zur Geburtstagsfeier „100 Jahre Bahnbetriebswerk Schöneweide“ waren am 1. Oktober 2006 rund um die dortige Drehscheibe viele eigene und fremde Maschinen sowie zahlreiche Zuschauer versammelt. Die Dampflokomotive 41 1144-9 gehörte zum Bestand der „IG Werrabahn“ in Eisenach. Eine Luftaufnahme des Ringlokschuppens in Schöneweide mit seinen zwanzig Hallengleisen vom 4. Oktober 2008 zeigt die Aufnahme unten. Rechts neben dem Schuppen steht der markante Wasserturm dieser Anlage, dahinter erstrecken sich die Ferngleise der Görlitzer Bahn und die S-Bahn-Gleise am Betriebsbahnhof Schöneweide.

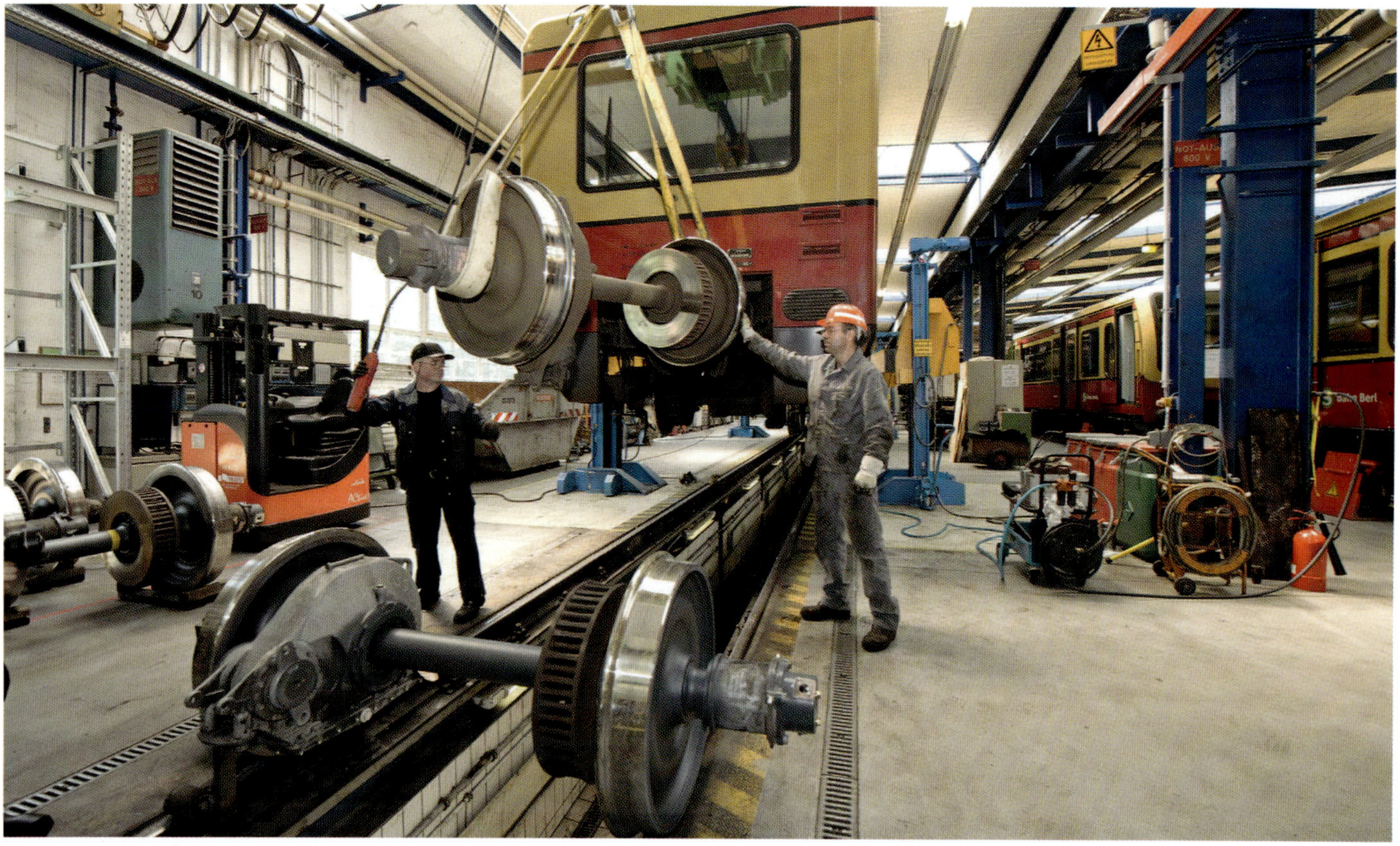

W 3
N 10
06
72

Werkstätten der Berliner S-Bahn

Für regelmäßige Untersuchungen wie für Reparaturen verfügt die Berliner S-Bahn über mehrere spezialisierte Anlagen. Durch eine schwere technische Krise der Fahrzeugunterhaltung im Jahre 2009 haben sie besondere öffentliche Beachtung erfahren. Die Betriebswerkstatt in Wannsee hat die BVG – nach dem ersten Bauteil von 1933 – sodann im Jahre 1987 erweitert, als sie die Wartung ihrer Wagen für den Westteil der Stadt vollständig in eigene Hände nehmen musste. Die Aufnahme links oben vom 12. Juni 2009 zeigt das Auswechseln von Radsätzen an Zügen der Baureihe 481/482 in der dortigen Richthalle. Dagegen war die große, bereits 1928 eröffnete Hauptwerkstätte der Berliner S-Bahn in Schöneweide um das Jahr 2008 kurzzeitig und kurzsichtig zur Stilllegung vorgesehen, um Kosten zu sparen. Die Lauftaufnahme unten vom 27. Juli 2009 zeigt sehr eindringlich die mit schadhaften Viertelzügen überfüllten Abstellgleise vor der Werkstätte in Schöneweide sowie die dreischiffige Halle dieser Hauptwerkstatt. Am rechten Bildrand verlaufen die Gleise der Görlitzer Bahn in Richtung Grünau und die Straße mit dem Namen Adlergestell. Im Bild links unten ist eine kleine „Fahrzeugparade" der historischen Berliner S-Bahn am 2. Juni 2006 vor der Betriebswerkstatt Erkner mit vier typischen „Gesichtern" dieses urbanen Massenverkehrsmittels aus unterschiedlichen Epochen zu sehen. Ganz links der „Stadtbahner" 275 959-5, dann ein Versuchszug für die Wannseebahn mit der Nummer ET 167 072 (der spätere Wagen 277 087), sodann Wagen 276 070-0 der Bauart Peenemünde und schließlich der Wagen 477 602-7 (Bauart 277 modernisiert).

Eisenbahnindustrie in Berlin

Die großen alten Firmen des Berliner Lokomotivbaus – also Borsig, Schwartzkopff oder Orenstein & Koppel – sind aus der Stadt verschwunden, und auch die Namen der Elektrolokhersteller AEG und Siemens sucht man in Berlin heute vergebens. Dafür befindet sich nun im Stadtteil Pankow eine Fabrikationsstätte des schweizerischen Fahrzeugherstellers Stadler für den deutschen Markt. Ein Blick in seine Werkhallen vom 12. März 2009 zeigt den „Regio Shuttle“ für die Hohenzollerische Landesbahn im Bau. Die Züge mit der Bezeichnung „Seehäsle“ im Bild unten sind für den Verkehr von Mengen nach Radolfzell am Bodensee bestimmt. In Hennigsdorf im Osthavelland, auf den historischen Grundstücken der Allgemeinen Elektricitäts-Gesellschaft und des VEB Lokomotivbau Elektrotechnische Werke „Hans Beimler“, stellt nun seit 2001 der kanadische Konzern Bombardier Transportation moderne Schienenfahrzeuge für den Weltmarkt her. Zuvor hatte die AEG ihr altes Gelände von der Treuhandanstalt zurückgekauft und es zunächst in die Firma „Adtranz“ eingebracht. Die Europazentrale von Bombardier befindet sich seit Ende 2006 im Gebäude der früheren Eisenbahndirektion Berlin neben dem Gleisdreieck. Am 16. Mai 2009 waren in Hennigsdorf zum „Tag des offenen Unternehmens“ mehrere Züge der Bauarten „Itino“ und „Talent 2“ zu sehen; Bild rechts oben. Am rechten Bildrand ein Demonstrationsmodell. Beide Fahrzeugtypen, darunter ein Triebwagen des Typs „Itino“ für die hessische Odenwaldbahn, sind auch auf dem Bild rechts unten vom 6. März 2009 zu erblicken.

BOMBARDIER

Odenwald-Bahn

Großbaustellen in Schöneweide und am Ostkreuz

Das bedeutendste Bauvorhaben der Eisenbahn im Berlin unserer Tage lässt sich rund um den Bahnhof Ostkreuz beobachten. Schon vielfach bestanden in der Vergangenheit Pläne der Reichsbahn, das desolate Bauwerk am Ort des einstigen Bahnhofs Stralau-Rummelsburg abzureißen und durch einen Neubau nach Plänen des Architektenbüros JSK zu ersetzen, doch erst im Jahre 2008 konnten die Arbeiten ernsthaft beginnen. Die Aufnahme links oben vom 20. September 2009 gibt einen Blick auf die vorbereitenden Abrissmaßnahmen. Ungewiss ist dabei die Zukunft des auffälligen, für 400 m³ Fassungsvermögen angelegten Wasserturms an der Südkurve und der Hauptstraße, den der Eisenbahnarchitekt Karl Cornelius im Jahre 1909 errichten ließ. Die Luftaufnahme auf dieser Seite unten vom 31. Juli 2007 zeigt noch einmal die verwirrend unübersichtliche Gesamtanlage am Bahnhof Ostkreuz mit der Ringbahn von links oben nach rechts unten sowie den Gleisen der Schlesischen Bahn von links unten nach rechts oben. Am unteren Bildrand erscheint die vieleckige Netzleitstelle der elektrischen S-Bahn, 1928 nach Plänen von Richard Brademann als Schalt- und Gleichrichterwerk erbaut. Das Bild links unten vom 24. Juli 2009 führt in den Rohbau des Bahnhofs für den Flughafen „Berlin-Brandenburg International" in Schönefeld anlässlich der Übergabe des Bauwerks an die Deutsche Bahn. Wer nun einen Blick in die Zukunft der Eisenbahn in Berlin in unserem 21. Jahrhundert werfen will, muss nach Schönefeld oder zum Ostkreuz gehen.

Inhalt

Bildquellen

Die Abbildungen in diesem Album sind von vielen Fotografen angefertigt, von namhaften Unternehmen bestellt, von zahlreichen Sammlern erworben und von tüchtigen Archiven für die Nachwelt aufbewahrt worden. Ohne ihre Arbeit wäre das Buch nicht entstanden. Die folgende Liste nennt ihre Namen und die Seitenzahlen. Alle übrigen Abbildungen sind der Sammlung des Herausgebers entnommen.

AEG-Archiv: 78, 81, 82 u.
Bildarchiv Preußischer Kulturbesitz: 16, 21, 27, 30, 37, 39, 42 u., 50, 135, 141 o., 152, 153, 258, 260, 263, 270, 274, 275, 283
BVG-Pressestelle: 372 u.
Borsig-Archiv: 14, 18, 19
Bundesarchiv: 134, 148, 195, 215, 241, 242, 250, 265
Bundeszentrale für Heimatdienst: 352
Deutsche Bundesbahn: 15, 32, 193, 234, 240 o., 372 o.
Deutsches Museum: 65, 68
Sammlung Klebes: 179, 188–190
H.-G. Köbler: 353 u., 354 u.
St. Koppelkamm: 365–367
M. Krafft: 342, 344, 345
H. Kuom: 351, 355–357, 360, 364
Landesbildstelle Berlin: 8, 11 u., 26 u., 28, 38, 55, 57–61,63, 64, 69, 74, 75, 77, 92 o., 97, 98 u., 106, 107 u., 117, 133,150, 151, 168 u., 223, 237 u., 240 o., 264, 276, 278, 289 u., 290–293, 295–300, 314, 321, 326, 328, 330, 333 u., 340, 343, 353 o., 362, 371
Sammlung Lawrenz: 66 u., 101 u., 120, 132
H. Lochmann: 310,318 o., 325, 341, 348, 350, 358–359, 363
Lokomotivbau „Hans Beimler": 369
H. Maey: 221, 248 u.
H. Meyer: 222, 256
Museum für Verkehr und Technik: 10, 12, 20, 22, 23, 36, 40,43–46, 49, 52, 76 o., 87, 88, 124 li., 146, 160–163, 165 u., 170, 175–178, 182–185, 194 u., 196–199, 203, 206 u., 207, 211 u., 212–214, 218–221, 233 u., 235, 239, 243–247, 259, 279, 280, 284–288, 301, 303, 312, 354 o., 373 (G. Kemner)
Sammlung Nußbaum: 26 o., 149 u., 309, 334
Orenstein & Koppel: 140, 141 u., 157–159, 201, 208, 209, 327 o.
E. Schörner: 223 o.
H. Schulze: 304, 311, 312
Siemens-Archiv: 83, 156
Sammlung Treichel: 205, 225–229, 232, 238, 248 o., 249, 253, 266, 267, 269 u.
H. Wismer: 316–317, 318 u., 319, 320
E. Ziegler: 187, 230

In die Sonderausgabe dieses Buches wurden Bilder aufgenommen, die aus den nachfolgend genannten Quellen stammen:

Christina Bolduan: 382–383
Deutsche Bahn AG: 374, 379, 380
Landesbildstelle Berlin: 377
Heiner Leiska: 381 unten
Ralf-M. Ludwig: 388 oben
Stefan Nowak: 388 unten
S-Bahn Berlin: 384–385
Senator für Verkehr: 378, 387 oben
Reiner Schipporeit: 376 oben
Bodo Schulz: 387 unten, 389–405
Rainer Wilkens: 381 oben
Norbert Zimmer (ZBDR): 376 unten

Berlin, Berlin

Erich Preuß

Berlin Hauptbahnhof

Die aktualisierte Neuauflage dieses Titels befasst sich mit dem Bau des Berliner Hauptbahnhofes bis zum Sturmschaden des Winters 2007 und zeigt damit interessante und brisante Hintergründe.

176 Seiten, 174 Bilder, davon 162 in Farbe, 18 Zeichnungen

ISBN 978-3-613-71318-5 **€ 29,90**

Wolfgang Kiebert

Die Berliner S-Bahn
1924 bis heute

80 Jahre Berliner S-Bahn: Die Fahrt des ersten Gleichstromtriebwagens 1924, Olympiade 1936, Krieg, Teilung und Wiedervereinigung, neueste Entwicklungen.

176 Seiten, 180 Bilder, davon 96 in Farbe

ISBN 978-3-613-71242-3

€ 29,90

Alfred B. Gottwaldt

Das Berliner
U- und S-Bahnnetz

Die 36 U- und S-Bahnpläne in dieser überarbeiteten und erweiterten Neuauflage zeigen Entwicklung, Trennung und Wiedervereinigung des Berliner Schienenverkehrs bis heute.

88 Seiten, 102 Bilder, davon 41 in Farbe

ISBN 978-3-613-71304-8

€ 14,95

Wolfgang Kiebert

Die Berliner
Nordsüd-S-Bahn

Zur Zeit des Kaiserreichs geplant, haben Krieg, Mauerbau und Wiedervereinigung ihre Spuren hinterlassen. Hier die Geschichte der berühmtesten S-Bahn Deutschlands.

160 Seiten, 100 Bilder, davon 41 in Farbe, 30 Zeichnungen

ISBN 978-3-613-71337-6

€ 19,95

IHR VERLAG FÜR EISENBAHN-BÜCHER

Postfach 10 37 43 · 70032 Stuttgart
Tel. (07 11) 2 10 80 65 · Fax (07 11) 2 10 80 70
www.paul-pietsch-verlage.de

trans press

Stand Januar 2010
Änderungen in Preis und Lieferfähigkeit vorbehalten